中等职业教育改革创新示范教材

中等职业教育机电技术应用专业课程教材

U0298519

S7-200系列PLC
项目教程

主　编：周四六

外语教学与研究出版社

北京

图书在版编目（CIP）数据

S7-200 系列 PLC 项目教程 / 周四六主编 . — 北京：外语教学与研究出版社，2011.9
（2022.8 重印）
中等职业教育改革创新示范教材
ISBN 978-7-5135-1332-6

Ⅰ．①S… Ⅱ．①周… Ⅲ．①可编程序控制器－中等专业学校－教材 Ⅳ．①TM571.6

中国版本图书馆 CIP 数据核字 (2011) 第 194537 号

出 版 人　王　芳
责任编辑　牛贵华
封面设计　彩奇风
出版发行　外语教学与研究出版社
社　　址　北京市西三环北路 19 号（100089）
网　　址　http://www.fltrp.com
印　　刷　北京虎彩文化传播有限公司
开　　本　787×1092　1/16
印　　张　14.5
版　　次　2011 年 9 月第 1 版 2022 年 8 月第 7 次印刷
书　　号　ISBN 978-7-5135-1332-6
定　　价　29.00 元

职业教育出版分社：
　　地　　址：北京市西三环北路 19 号 外研社大厦 职业教育出版分社 (100089)
　　咨询电话：010-88819475
　　传　　真：010-88819475
　　网　　址：http://vep.fltrp.com
　　电子信箱：vep@fltrp.com
　　购书电话：010-88819928/9929/9930（邮购部）
　　购书传真：010-88819428（邮购部）

购书咨询：（010）88819926　电子邮箱：club@fltrp.com
外研书店：https://waiyants.tmall.com
凡印刷、装订质量问题，请联系我社印制部
联系电话：（010）61207896　电子邮箱：zhijian@fltrp.com
凡侵权、盗版书籍线索，请联系我社法律事务部
举报电话：（010）88817519　电子邮箱：banquan@fltrp.com
物料号：213320001

前　言

可编程控制器（PLC）以其控制能力强、可靠性高、使用方便等优点，被广泛地应用在各行各业生产过程自动控制中。PLC 控制技术已成为现代制造业工人所必须掌握的一门专业技术，各中等职业学校也相继开设了这门课程。

针对职业教育改革以项目教学法为主流趋势的现状，编者在总结了近十年 PLC 实践教学及工程开发经验的基础上，组织相关专业教师及工程技术人员，编写了这本 PLC 项目教程。本书以西门子公司 S7-200 系列微型整体式 PLC 为参考机型，在编写过程中力求做到以下几点。

1．项目设计切实可行

在设计教学项目时，充分考虑了各职业学校现有设备设施和学生实际情况。在内容的选择上，尽量采用了同学们接触多且感兴趣的工控实例，并注意项目教学成本，使教学实施切实可行。各学习任务都附有详细的实物图片，教学时可按图组织器材。

2．难度适中富有弹性

若项目的难度过高，则大部分学生难以理解和接受，不仅收不到预期的教学效果，还会导致学生失去对 PLC 的学习兴趣。若难度过低，则一方面会降低教学质量，达不到既定的教学目标；另一方面，也会影响很多学生的学习热情和积极性。为此，编者在大部分教学项目中都安排了 3 个具有一定梯度的学习任务。指导教师可根据学生掌握 PLC 应用技能的实际情况，灵活选择其中的 2～3 个组织教学。因此，教学实施过程可掌握在 80～120 学时。这些在内容及时间上的精心安排，为本书用于不同专业及不同计划学时提供了足够的弹性。

3．以用促学，学以致用

"项目引领，任务驱动"式教学法的核心是"在做中学，在学中做"。S7-200 系列 PLC 指令系统十分庞杂，本书仅对学习任务中所涉及的相关指令进行了简要的介绍，重点放在加强硬件的学习以及培养学生从事项目开发的实践能力上，让学生在完成学习任务的过程中学会开发方法，养成良好习惯。

4．紧密联系工程实际

各学习任务中的相关内容尽量从企业生产实际中选取，并力求反映最新技术在工控领域的具体运用，从而缩短学校教育与企业需要的距离，更好地满足企业岗位用人的需要。

本书既可作为中等职业及技工学校电工电子、机械、电气自动化、通信、工业工程、仪器仪表等专业的教材，也可作为同类职业的岗前培训及在岗人员自学参考用书。

为方便教学，本书备有教学资源包，全书各学习任务中所涉及的 PLC 控制程序，均以程序文件格式全部收录，教学时可直接下载至 PLC（可在外研社职业教育网资源中心下载，网址为 http://vep.fltrp.com/resource.asp）。

本书由武汉职业技术学院周四六担任主编，张震波、祁红、文正在、容黎明、容镭、袁立云、门红玲等教师参加了编写工作。

由于编者水平有限，书中疏漏之处在所难免，恳请广大读者批评指正。

编　者
2011 年 8 月

目　录

项目一　初识 S7-200 系列 PLC ·· 1

　　任务一　掌握 S7-200 系列 PLC 的 I/O 配线技能 ······························· 2
　　任务二　彩灯亮灭的 PLC 开关控制 ·· 14

项目二　S7-200 系列 PLC 基本逻辑指令及应用 ····································· 29

　　任务一　抢答器控制 ·· 30
　　任务二　双定时器 PLC 闪光控制电路 ··· 42
　　任务三　用计数器实现长定时控制 ·· 48

项目三　三相异步电动机全压启动控制 ·· 58

　　任务一　三相异步电动机的点动及长动控制 ····································· 60
　　任务二　三相异步电动机的顺序控制 ··· 65
　　任务三　三相异步电动机的正反转控制 ··· 71

项目四　三相异步电动机降压启动 ··· 78

　　任务一　通用型 Y-△降压启动控制电路 ··· 80
　　任务二　改进型 Y-△降压启动控制电路 ··· 85
　　任务三　PLC 软启动器降压启动控制 ··· 92

项目五　数字量控制系统的 4 种编程方法及应用 ···································· 102

　　任务一　采用"经验"编程法实现皮带运输机的顺序控制 ··················· 104
　　任务二　采用"启—保—停"编程法实现小车行程控制 ······················ 112
　　任务三　以转换为中心的编程法实现电机程控运行 ··························· 122
　　任务四　采用 SCR 指令编程实现交通灯自动控制 ···························· 129

项目六　单按钮启—保—停控制电路 ·· 138

　　任务一　采用位逻辑指令编程的电动机单按钮控制 ··························· 140
　　任务二　采用功能指令编程的单按钮控制 ·· 144
　　任务三　用一只启动按钮和一只停止按钮控制多台设备的启停 ··········· 155

项目七　彩灯控制电路··170

　　任务一　十字路口交通信号灯自动控制电路···171

　　任务二　具有 3 种循环模式的广告彩灯控制电路·······································180

附录一　STEP7-Micro/WIN V4.0 SP6 编程软件的安装与使用·························193

附录二　S7-200 系列 PLC 的基本结构··206

附录三　S7-200 系列 PLC 的相关资料··216

参考文献··226

项目一

初识 S7-200 系列 PLC

项目情境

可编程控制器（Programmable Logic Controller，PLC），是在继电器控制和计算机技术的基础上，逐渐发展起来的以微处理器为核心，集微电子技术、自动化技术、计算机技术、通信技术为一体，以工业自动化控制为目标的新型控制装置，是工业控制领域中的一个重要组成部分。

PLC 不仅具备了继电器接触器控制系统简单易学的优点，而且具备计算机功能齐全、使用灵活、通用性强的特点。PLC 采用小型化和超小型化的硬件结构，用计算机的编程软件逻辑代替继电器控制的硬接线逻辑。PLC 以其优异的性能、低廉的价格和高可靠性等优点，在机械制造、冶金、化工、煤炭、汽车、纺织、食品等诸多行业的自动控制系统中得到了广泛的应用。

本项目主要认识 S7-200 系列 PLC 的硬件组成及各部分的功能，编程元件、编程语言的功用，I/O 配线以及 STEP7-Micro/WIN V4.0 SP6 编程软件的应用。

项目实施节奏

本项目是 PLC 应用的基础，实施前可组织学生现场观察认识 S7-200 系列 PLC，了解 PLC 的软硬件组成及各部分的功能。教师根据学生掌握电气及 PLC 基本技能的熟练程度，结合器材准备情况，将全班同学按项目任务分成相应的两个大组，每个大组包含若干个学习小组，各小组成员以 2~3 名为宜。所有学习任务应按顺序进行，建议完成时间为 16 学时。

任　务	相关知识讲授	分组操作训练	教师集中点评
一	4h	3.5h	0.5h
二	4h	3.5h	0.5h

项目所需器材

表 1-1 列出了学习所需的全部工具、设备。根据所选学习任务的不同，各小组领用的器材略有区别。

表 1-1　工具、设备清单

序号	分类	名　称	型号规格	数量	单位	备注
1	任务一设备	PLC	S7-200 CPU224 AC/DC/RLY	1	台	
2		小型断路器	DZ47-63 C10/2P	1	只	
3		熔断器	RT18-32/2A	1	套	
4		常开按钮	NP2-BA31	1	只	
5		常闭按钮	NP2-BA42	1	只	
6		指示灯	ND16-22BS/2-220V（红）	4	只	
7	任务二设备	PLC	S7-200 CPU224 AC/DC/RLY	1	台	
8		编程电缆	PC/PPI 或 USB/PC/PPI	1	根	
9		小型断路器	DZ47-63 C10/2P	1	只	
10		熔断器	RT18-32/2A	1	套	
11		常开按钮	NP2-BA31（绿）及 NP2-BA41（红）	各 1	只	
12		指示灯	ND16-22BS/2-220V（红）	1	只	
13	工具及辅材	编程计算机	配备相应软件	1	台	工具及辅材适用于所有学习任务
14		常用电工工具	—	1	套	
15		万用表	MF47	1	只	
16		端子板	TD-15/10	1	条	
17		单相电源插头（带线）	5A	1	根	
18		安装板	600mm×800mm 金属网板或木质高密板	1	块	
19		按钮安装支架（非标）	170mm×170mm×70mm	1	个	
20		DIN 导轨	35mm	0.5	m	
21		走线槽	TC3025	若干	m	
22		导线	BVR 1mm^2 黑色	若干	m	
23		尼龙绕线管	ϕ8mm	若干	m	
24		螺钉	—	若干	颗	
25		号码管、编码笔	—	若干	—	

任务一　掌握 S7-200 系列 PLC 的 I/O 配线技能

▶▶▶▶ **任务目标**

（1）熟悉 PLC 的外部接线。

（2）掌握输入继电器与输入端子之间的关系。

（3）掌握 PLC、负载、负载供电电源之间的联系。

（4）理解程序在 PLC 控制系统中的作用。

▶▶▶▶ **任务分析**

用 2 只按钮 SB1（常开）、SB2（常闭）控制 4 只彩灯 HL0～HL3（额定电压～220V）的亮灭。要求在写入控制程序后，按下控制按钮 SB1 时，对应彩灯 HL0 点亮，HL1 熄灭；松开按钮 SB1 时，对应彩灯 HL0 熄灭，HL1 点亮；按下或松开控制按钮 SB2 时，被控彩灯 HL2 及 HL3 点亮与熄灭的情况正好相反。硬件布局如图 1-1 所示。

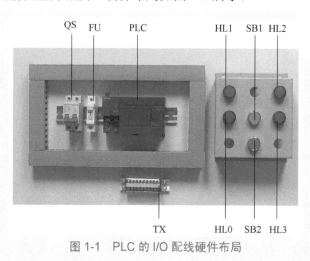

图 1-1　PLC 的 I/O 配线硬件布局

▶▶▶ **相关知识**

一、PLC 的基本结构

1. PLC 的一般硬件结构

PLC 的外部结构如图 1-2 所示（以西门子 S7-200 系列为例），一般为长方体结构，外部有两排接线端子，按功能可以分为电源输入接线端、输入接线端、输出接线端、传感器电源输出接线端等。

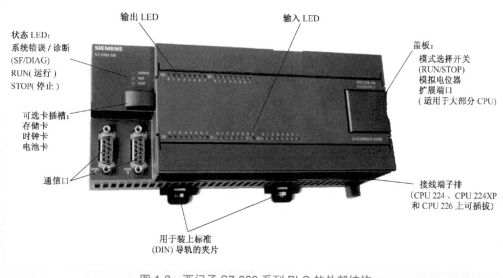

图 1-2　西门子 S7-200 系列 PLC 的外部结构

PLC 的内部硬件结构如图 1-3 所示。其中图 1-3（a）为面板；图 1-3（b）为中央处理单元（CPU）及存储器组织，置于 3 块线路板的最上层；图 1-3（c）为输入、输出接口板，主要元器件有输出继电器、编程接口及输入输出接线端子等；图 1-3（d）是开关电源板，置于最下层。3 块线路板之间由接插件相连。

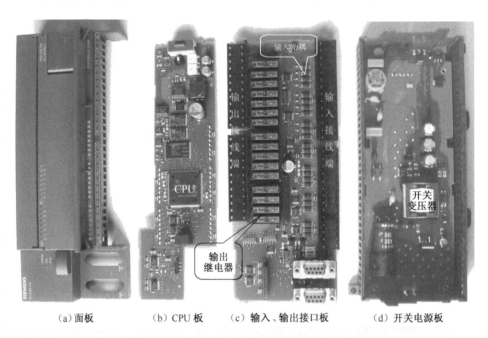

| （a）面板 | （b）CPU 板 | （c）输入、输出接口板 | （d）开关电源板 |

图 1-3　西门子 S7-200 系列 PLC 的内部硬件结构

PLC 内部逻辑结构框图如图 1-4 所示。

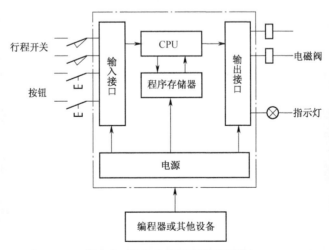

图 1-4　PLC 内部逻辑结构框图

（1）中央处理单元（CPU）

中央处理单元是 PLC 的核心，一般采用单片机芯片，通过地址总线、数据总线、控制总线与存储器、I/O 接口相连，其主要作用是执行系统控制软件，从输入接口读取各开关状态，根据梯形图程序进行逻辑处理，并将处理结果输出到输出接口。

（2）存储器

PLC 的存储器是用来存储数据或程序的。存储器中的程序包括系统程序和应用程序，梯形图程序属于应用程序；系统程序用来管理和控制系统的运行，解释执行应用程序。系统程序存储在只读存储器 ROM 中，应用程序一般存放在电可擦除的 EEPROM 型存储器中，EEPROM 是非易失性的，但是可以用编程器对其编程。新型 PLC 系列产品中通常采用快闪（FLASH）存储器保存应用程序。

（3）输入、输出接口

输入、输出接口是可编程控制器与外界连接的接口，根据实际工作情况，可选用不同的电路结构。

① 输入接口电路。输入接口用来接收和采集两种类型的输入信号：一类是由按钮、选择开关、行程开关、继电器触点、接近开关、光电开关、数字拨码开关等的开关量输入信号；另一类是由电位器、测速发电机和各种变换器等传来的模拟量输入信号。

常用开关量输入单元有直流输入单元及交流输入单元。图 1-5 及图 1-6 所示分别为它们的典型电路，图中虚线框中的部分为 PLC 内部电路。框外为用户接线。从图中可以看出直流输入电路外接电源的极性无正负区别，单元中含有 R 及 C 构成的滤波电路。交流输入单元中含有隔直流电容 C，直流及交流输入电路中均采用光耦实现输入信号与机内电路的耦合。图中电路均是对应于一个输入点的电路，同类的各点电路内部结构相同。

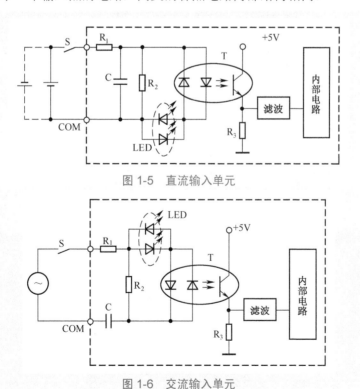

图 1-5　直流输入单元

图 1-6　交流输入单元

② 输出接口电路。输出接口用来连接被控对象中的各种执行器件，如接触器、电磁阀、指示灯、调节阀（模拟量）、调速装置（模拟量）等。常用的开关量输出单元可分为晶体管输出单元、晶闸管输出单元和继电器输出单元，图 1-7、图 1-8 和图 1-9 所示分别为它们的电路。图中虚线框中的电路是 PLC 的内部电路，框外是 PLC 输出点的驱动负载电路。三种电路的主要区别是采用的输出器件不同，晶体管输出电路中控制器件为晶体管，晶闸管输出电路中控制器件为晶闸管，而继电器输出电路中输出控制器件为继电器，图 1-3（c）中可清楚的看到与输出点数对应的 16 只小型继电器。此外，各种输出电路均带有输出指示。

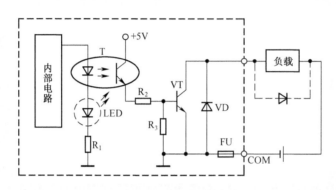

图 1-7 晶体管输出电路

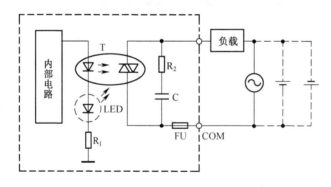

图 1-8 晶闸管输出电路

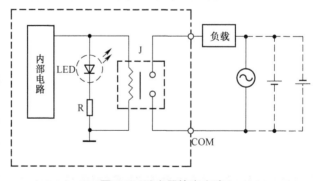

图 1-9 继电器输出电路

PLC 的输出电路有共点式、分组式、隔离式之别。输出只有一个公共端子的称为共点式；

分组式是将输出端子分成若干组，每组共用一个公共端子；隔离式是各输出点具有单独的公共端子，点与点之间互相隔离，可各自使用独立的电源。

（4）电源电路

PLC 一般使用 220V、50Hz 的交流电源（电源电压范围为 AC 85V～265V）。小型整体式 PLC 内部有一个开关稳压电源。通过它将交流电变换成内部电路所需的直流电。此电源一方面可为 CPU 板、I/O 板及扩展单元提供工作电源（5V DC），另一方面可为外部输入器件提供 24V DC 电源，该电源由 "L+"、"M" 两个接线端子引出。

（5）扩展接口

扩展接口用于将扩展单元与基本单元相连，使 PLC 的配置更加灵活。

（6）通信接口

为了实现 "人—机" 或 "机—机" 之间的对话，PLC 配有多种通信接口。PLC 通过这些通信接口可以与监视器、打印机以及其他的 PLC 或计算机相连。

当 PLC 与打印机相连时，可将过程信息、系统参数等输出打印。当与监视器（CRT）相连时，可将过程图像显示出来；当与其他 PLC 相连时，可以组成多机系统或连成网络，实现更大规模的控制；当与计算机相连时，可以组成多级计算机控制系统，实现控制与管理相结合的综合系统。

（7）智能 I/O 接口

为了满足更加复杂的控制功能的需要，PLC 配有多种智能 I/O 接口。例如满足位置调节需要的位置闭环控制模板，对高速脉冲进行计数和处理的高速计数模板等。这类智能模板都有其自身的处理器系统。

（8）编程工具

编程工具供用户进行程序的编制、编辑、调试和监视，最常用的是编程器。编程器有简易型和智能型两类。简易型的编程器只能联机编程，且往往需要将梯形图转化为机器语言助记符（指令表）后才能输入，一般由简易键盘和发光二极管或其他显示器件组成。智能型的编程器又称图形编程器，可以联机，也可以脱机编程，具有 LCD 或 CRT 图形显示功能，可以直接输入梯形图和通过屏幕对话。

（9）显示面板

图 1-10 所示是两款用于 S7-200 系列 PLC 的文本显示器（TD）单元，是一种价格低廉的人机界面，用于显示文本信息以及应用程序有关的其他数据。通过它能查看、监视和改变应用程序的过程变量。

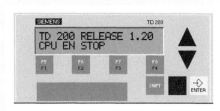

(a) TD-200 　　　　　　　　　　　　　(b) TD-200C

图 1-10　文本显示器（TD）单元

　　PLC 厂家为自己的产品设计了计算机辅助编程软件，运行这些软件可以编辑、修改用户程序，监控系统的运行，打印文件，采集和分析数据，在屏幕上显示系统的运行状态，对工业现场和系统进行仿真等。若要直接与可编程控制器通信，还要配有相应的通信电缆。

2．PLC 的单元式结构

　　PLC 的结构通常分为单元式和模块式，但近年来有将这两种形式结合起来的趋势。单元式的特点是结构非常紧凑，将所有的电路都装入一个模块内，构成一个整体。小型 PLC 的结构吸收了模块式结构的特点，将各种不同点数的 PLC 及其扩展单元都做成同宽同高不同长度的模块，这样几个模块拼装起来后就成了一个整齐的长方体结构。

　　由于在一个单元内集中了 CPU 板、I/O 板、电源板等，对于某一个单元的输入输出就有一定的比例关系，三菱 FX_{2N} 系列 PLC 基本单元（亦称 CPU 单元）的输入输出比为 1:1，如 FX_{2N}-16MR-001 型 PLC 有 8 个输入点、8 个输出点，而欧姆龙 CPM1A 系列 PLC 基本单元的输入输出比为 3:2。为了达到输入输出点数灵活配置及易于扩展的目的，某一系列的产品通常都由不同点数的基本单元和扩展单元构成，其中的某些扩展单元为全输入或全输出型。

　　图 1-11 所示是采用西门子 S7-200 系列 PLC 产品组成的一个实际应用系统，组成系统的各个单元及输入输出功能如下。

图 1-11　S7-200 系列 PLC 实际应用系统

　　CPU 单元：CPU216-2——含 24 个输入点/16 个输出点；

　　输出扩展单元：EM222——含 8 个输出点；

　　输入扩展单元：EM221——含 8 个输入点；

　　模拟量扩展模块：EM231——4 路模拟量输入。

　　根据具体情况，使用者可灵活选择所需单元模块，构成最为经济合理的控制系统。在图 1-11 所示的系统中，CPU 单元可单独构成一个具有 24 个输入点和 16 个输出点的 PLC 控制系统。而扩展 I/O 单元、模拟量扩展模块不能单独使用，只能通过专用的接线排与 CPU 单元连接后，才可使用。

3．PLC 的软件

　　PLC 的软件系统指 PLC 所使用的各种程序的集合，由系统程序（系统软件）和用户程序（应用软件）组成。

　　（1）系统程序

　　系统程序包括监控程序、输入译码程序及诊断程序等。

　　监控程序用于管理、控制整个系统的运行，输入译码程序则把应用程序（梯形图）输入、翻译成统一的数据格式，并根据输入接口送来的输入量，进行各种算术、逻辑运算处理，通过输出接口实现控制。诊断程序用来检查、显示本机的运行状态，方便使用和维修。

系统程序由 PLC 生产厂家提供，并固化在 EPROM 中，用户不能直接读写。

（2）用户程序

用户程序是用户根据现场控制的需要，用 PLC 的编程语言（如梯形图）编制的应用程序。通过编程器将其输入到 PLC 的内存中，用来实现各种控制要求。

二、PLC 的工作原理

1. PLC 的等效电路

PLC 是一个执行逻辑功能的工业控制装置。为便于理解 PLC 是怎样完成逻辑控制的，可以用类似于继电器控制的等效电路来描述 PLC 的内部工作情况。图 1-12 所示为 PLC 的等效电路，其简要说明见表 1-2。

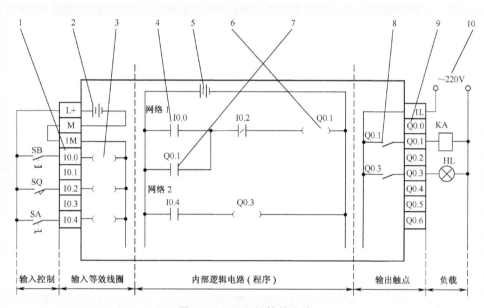

图 1-12 PLC 的等效电路

表 1-2 PLC 等效电路的简要说明

序　号	说　　明
1	输入接线端子
2	内置输入控制回路直流电源
	① 使用内置电源时，通过适当的外部连线，经控制按钮向输入继电器"等效线圈"供电；
	② 交流输入型及直流工作电源型无内置输入控制电源；
	③ 内置输入回路直流电源一般为 DC24V
3	输入等效继电器驱动线圈
	实际输入回路常由光电隔离等回路构成
4	输入等效继电器工作触点
	输入信号通过内部输入状态映像寄存器存储后，供程序执行时反复读取，故相当于 PLC 内部有无数多个输入继电器常开及常闭触点

序　号	说　　明
5	程序"工作电源" PLC 逐条执行指令时，理解为由程序"工作电源"通过各内部触点向输出继电器、内部辅助继电器等"线圈"供电
6	输出继电器驱动线圈 该线圈由程序驱动，电气上，可理解为由"程序电源"供电，并与 PLC 输入控制回路及输出负载控制回路隔离
7	输出继电器辅助触点 由输出线圈驱动，存入输出状态映像区。可供反复读取，故相当于有无数多个输出继电器常开及常闭辅助触点
8	输出继电器主触点 ① 同一编号的输出继电器主触点只有一个。通过 PLC 输出外部配线与工作电源及负载串联； ② 触点型式有晶体管、双向晶闸管、场效应管及继电器多种结构，继电器式最为多见
9	输出继电器接线端子
10	负载工作电源 ① 工作电源可有交流、直流多种型式； ② 晶体管式输出电路结构只适用于直流工作电源； ③ 继电器式输出电路结构可以在一个 PLC 的不同输出端子，分别同时采用交流及直流几种工作电源

2．PLC 的扫描工作方式

PLC 采用循环扫描方式工作。从第一条程序开始，在无中断或跳转控制的情况下，按程序存储的地址号递增的顺序逐条执行程序，即按顺序逐条执行程序，直到程序结束。然后再从头开始扫描，并周而复始地重复进行。

PLC 工作时的扫描过程如图 1-13 所示，包括 5 个阶段，即内部处理、通信处理、输入扫描、程序执行以及输出处理。PLC 完成一次扫描过程所需的时间称为扫描周期。扫描周期的长短与用户程序的长度和扫描速度有关。

内部处理阶段，CPU 检查内部各硬件是否正常，在 RUN（运行）模式下，还要检查用户程序存储器是否正常，如果发现异常，则停机并显示报警信息。

通信处理阶段，CPU 自动检测各通信接口的状态，处理通信请求，如与编程器交换信息，与计算机通信等。在 PLC 中配置了网络通信模块时，PLC 与网络进行数据交换。

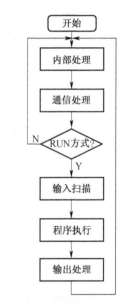

图 1-13　PLC 的扫描工作过程

当 PLC 处于 STOP（停止）状态时，只完成内部处理和通信服务工作。当 PLC 处于 RUN 状态时，除完成内部处理和通信服务的工作外，还要完成输入扫描、程序执行和输出处理。

3．PLC 的程序执行过程

当 PLC 处于正常运行时，将不断重复图 1-13 所示的扫描过程，不断循环扫描地工作下去。分析上述扫描过程，如果对远程 I/O 特殊模块和其他通信服务暂不考虑，这样扫描过程就只剩下如图 1-14 所示的"输入采样"、"程序执行"、"输出刷新" 3 个阶段了。图中①～⑤表示程序执行的时间顺序。

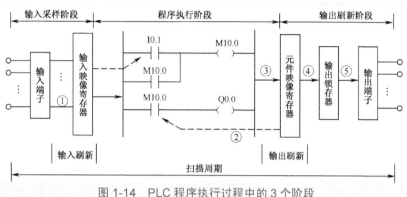

图 1-14　PLC 程序执行过程中的 3 个阶段

下面用一个简单的例子来进一步说明 PLC 的扫描工作过程。如图 1-15 所示的 PLC 控制系统，启动按钮 SB1 和停止按钮 SB2 的常开触点分别接在编号为 I0.1 和 I0.2 的输入端，接触器 KM 的线圈接在编号为 Q0.0 的输出端。如果热继电器 FR 动作（其常闭触点断开）后需手动复位，可以将 FR 的常闭触点与接触器 KM 的线圈串联，这样可以少用一个 PLC 的输入点。

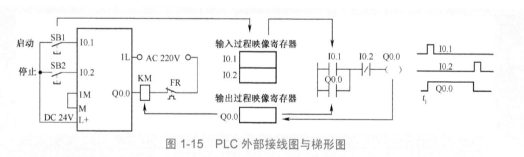

图 1-15　PLC 外部接线图与梯形图

图 1-15 梯形图中的 I0.1 与 I0.2 是输入变量，Q0.0 是输出变量，它们都是梯形图中的编程元件。接在输入端子 I0.1 的 SB1 的常开触点和输入过程映像寄存器 I0.1 相对应，Q0.0 与接在输出端子 Q0.0 的 PLC 内的输出电路和输出过程映像寄存器 Q0.0 相对应。

梯形图以指令的形式储存在 PLC 的用户程序存储器中，图 1-15 中的梯形图与下面的 4 条指令相对应，"//"之后是该指令的注释。

```
LD   I0.1    //接在左侧"电源线"上的 I0.1 的常开触点
O    Q0.0    //与 I0.1 的常开触点并联的 Q0.0 的常开触点
AN   I0.2    //与并联电路串联的 I0.2 的常闭触点
=    Q0.0    //Q0.0 的线圈
```

图 1-15 中的梯形图完成的逻辑运算为：

$$Q0.0 = (I0.1 + Q0.0) \cdot \overline{I0.2}$$

在输入采样阶段，CPU 将 SB1 和 SB2 的常开触点的 ON/OFF 状态读入相应的输入过程映像寄存器，外部触点接通时将二进制数 "1" 存入寄存器，反之存入 "0"。

执行第一条指令时，从输入过程映像寄存器 I0.1 中取出二进制数，并存入堆栈的栈顶，堆栈是存储器中的一片特殊的区域。

执行第二条指令时，从输出过程映像寄存器 Q0.0 中取出二进制数，并与栈顶中的二进制数相 "或"（触点的并联对应 "或" 运算），运算结果存入栈顶。运算结束后只保留运算结果，不保留参与运算的数据。

执行第三条指令时，因为是常闭触点，取出输入过程映像寄存器 I0.2 中的二进制数后将它取反（如果是 "0" 则变为 "1"，如果是 "1" 则变为 "0"），取反后与前面的运算结果相 "与"（电路的串联对应 "与" 运算），然后存入栈顶。

执行第四条指令时，将栈顶中的二进制数送入 Q0.0 的输出过程映像寄存器。

在输出刷新阶段，CPU 将各输出过程映像寄存器中的二进制数传送给输出模块并锁存起来，如果输出过程映像寄存器 Q0.0 中存放的是二进制数 "1"，外接的 KM 线圈将通电，反之将断电。

如图 1-15 所示，I0.1、I0.2 和 Q0.0 的波形中的高电平，表示按下按钮或 KM 线圈通电，当 t<t1 时，读入输入过程映像寄存器 I0.1 和 I0.2 的均为二进制数 "0"，此时输出过程映像寄存器 Q0.0 中存放的亦为 "0"，在程序执行阶段，经过上述逻辑运算过程之后，运算结果仍为 Q0.0 = 0，所以 KM 的线圈处于断电状态。在 t<t1 区间，虽然输入、输出信号的状态没有变化，用户程序仍一直反复不断地执行着。t = t1 时，按下启动按钮 SB1，I0.1 变为 "1" 状态，经逻辑运算后 Q0.0 也变为 "1" 状态，在输出处理阶段，将 Q0.0 对应的输出过程映像寄存器中的 "1" 送到输出模块，输出模块中与 Q0.0 对应的物理继电器的常开触点接通，接触器 KM 的线圈通电。

▶▶▶ **操作指导**

1. 画出接线图，安装电路

根据任务要求，采用 S7-200 CPU224 AC/DC/RLY 型 PLC，其 I/O 接线图如图 1-16 所示。

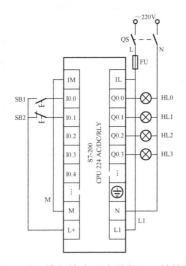

图 1-16 输入输出继电器的 I/O 接线图

输入输出继电器地址分配如表 1-3 所示。

表 1-3 输入输出继电器的地址分配表

编程元件	I/O 端子	电路器件	作　用
输入继电器	I0.0	SB1	常开按钮
	I0.1	SB2	常闭按钮
输出继电器	Q0.0	HL0	输出彩灯
	Q0.1	HL1	输出彩灯
	Q0.2	HL2	输出彩灯
	Q0.3	HL3	输出彩灯

在教师指导下，按图 1-16 实训电路完成 I/O 电路的硬件接线。在满足一般电气安装基本要求外，还应注意以下几点。

① 所有导线两端必须安装号码管，其编号除注明外一律采用 PLC 输入/输出端子号。1M 及 M 间的连接线采用 "M" 进行编号。号码管安装完成后，字头应统一朝左或上。

② 输入按钮及输出指示灯按布局图安装在按钮安装支架上，并通过连接电缆与主板接线端子相连。连接电缆应采用尼龙绕线管进行保护。

③ 为保证接线安全可靠，所有电器元件接线端子上，只允许安装最多两根导线，当电气连接点上导线较多时，可采用串联的方法进行连接。

④ 系统工作电源通过单相电源插头线，接至 TX 后再接入小型断路器 QS 进线端。

2．自检

检查布线。对照接线图检查是否掉线、错线，导线号是否漏编、错编，接线是否牢固等。

3．PLC 裸机（无程序）上电运行

在 PLC 用户程序存储区清空状态下，合上电源开关 QS，分别松开或按下 SB1、SB2，观察 PLC 上输入、输出指示灯的工作状态及彩灯工作情况，将结果填入空白处。

松开 SB1：输入 I0.0 指示灯＿＿＿，输出指示灯 Q0.0＿＿＿，Q0.1＿＿＿，彩灯 HL0＿＿＿，HL1＿＿＿。

按下 SB1：输入 I0.0 指示灯＿＿＿，输出指示灯 Q0.0＿＿＿，Q0.1＿＿＿，彩灯 HL0＿＿＿，HL1＿＿＿。

松开 SB2：输入 I0.1 指示灯＿＿＿，输出指示灯 Q0.2＿＿＿，Q0.3＿＿＿，彩灯 HL2＿＿＿，HL3＿＿＿。

按下 SB2：输入 I0.1 指示灯＿＿＿，输出指示灯 Q0.2＿＿＿，Q0.3＿＿＿，彩灯 HL2＿＿＿，HL3＿＿＿。

4．编辑控制程序（该步骤由指导教师完成）

在装有 STEP7-Micro/WIN V4.0 SP6 编程软件的个人计算机上，编辑 PLC 控制程序并编译后保存为 "*.mwp" 文件备用。彩灯控制参考梯形图及指令表程序如图 1-17 所示。

5．程序下载（该步骤由指导教师完成）

采用编程计算机及 USB/PPI 适配电缆，将图 1-17 所示的彩灯控制参考梯形图程序写入 PLC。

注意：一定要在断开 QS 的情况下插拔适配电缆。

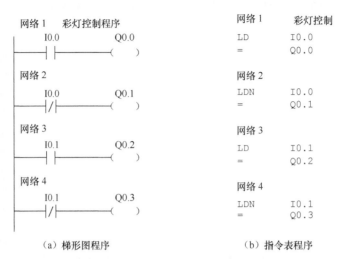

图 1-17 彩灯控制参考梯形图及指令表程序

6. 运行彩灯控制程序

再次接通 QS，分别松开或按下 SB1、SB2，观察 PLC 上输入、输出指示灯的工作状态及彩灯工作情况，将结果填入空白处。

松开 SB1：输入 I0.0 指示灯____，输出指示灯 Q0.0____，Q0.1____，彩灯 HL0____，HL1____。

按下 SB1：输入 I0.0 指示灯____，输出指示灯 Q0.0____，Q0.1____，彩灯 HL0____，HL1____。

松开 SB2：输入 I0.1 指示灯____，输出指示灯 Q0.2____，Q0.3____，彩灯 HL2____，HL3____。

按下 SB2：输入 I0.1 指示灯____，输出指示灯 Q0.2____，Q0.3____，彩灯 HL2____，HL3____。

▶▶▶ **课后思考**

（1）PLC 由哪几部分组成？

（2）输出电路分哪 3 种形式？

（3）比较学习任务中 PLC 的两种上电运行结果，说明用户程序在控制系统中的作用。

任务二　彩灯亮灭的 PLC 开关控制

▶▶▶ **任务目标**

（1）学习并掌握指令表的表示方法。

（2）学习并掌握梯形图的表示方法。

（3）掌握 STEP7-Micro/WIN V4.0 SP6 编程软件的一般应用，学会编辑简单的应用程序并正确下载至 PLC。

▶▶▶ 任务分析

"启—保—停"电路是电气控制系统中使用最多的基本环节，也是编制 PLC 控制系统应用程序的常用方法。本学习任务控制要求为：分别用两只常开按钮 SB1 及 SB2，控制彩灯 HL 的点亮与熄灭。彩灯亮灭的 PLC 开关控制硬件布局如图 1-18 所示。

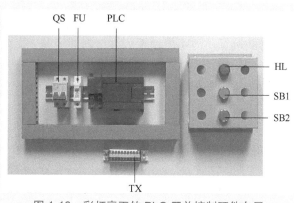

图 1-18　彩灯亮灭的 PLC 开关控制硬件布局

▶▶▶ 相关知识

一、PLC 的编程语言及程序写入方式

1. PLC 的编程语言

不同厂家、不同型号的可编程控制器产品，采用的编程语言不尽相同，归纳起来，有以下 5 种（见图 1-19），即顺序功能图、梯形图、功能块图、指令表及结构文本。以下是对指令表及梯形图的简要说明。

图 1-19　PLC 的编程语言

（1）梯形图（Ladder Diagram，LAD）

梯形图是使用得最多的 PLC 图形编程语言。表 1-4（见第 17 页）中的电动机"启—保—停"控制程序，就是用梯形图语言编制的一段程序。实际编程时，总是先写出梯形图程序，如果需要，再根据梯形图写出指令表程序。

梯形图有以下几个主要特点。

① 梯形图按自上而下，从左到右的顺序排列。每个继电器线圈为一个逻辑行，即一层阶梯。每一个逻辑行起于左母线，然后是接点的各种连接，最后终于继电器线圈（有时还加上一条右母线）。整个图形呈阶梯形。

② 梯形图中的各种继电器不是实际中的物理继电器，实质上是存储器中的一个二进制

位。相应位的触发器为"1"的状态时,表示其线圈通电,常开触点闭合,常闭触点断开。梯形图中的继电器线圈除了输出继电器、辅助继电器线圈外,还包括计时器、计数器、移位寄存器以及各种算术运算的结果等。

③ 梯形图中,一般情况下(除有跳转指令和步进指令等的程序段以外),某个编号的继电器线圈只能出现一次,而继电器接点则可无限次引用。继电器接点既可以是常开接点,也可以是常闭接点。

④ 输入继电器供 PLC 接受外部输入信号,而不能由内部其他继电器的接点驱动。因此,梯形图中只出现输入继电器的接点,而不出现输入继电器的线圈。

⑤ 输出继电器供 PLC 作输出控制用,通过开关量输出模块对应的输出开关(晶体管、双向晶闸管或继电器触点)去驱动外部负载。因此,当梯形图中输出继电器线圈满足接通条件时,就表示在对应的输出点有输出信号。

⑥ PLC 的内部继电器不作输出控制用,接点只能供 PLC 内部使用。

⑦ 程序结束时要有结束标志 END。S7-200 系列 PLC 编程软件在编译时自动生成。

⑧ 当 PLC 处于运行状态时,PLC 就开始按照梯形图符号排列的先后顺序(从上到下,从左到右)逐一处理。

(2)指令表(Instruction List,IL)

指令表(亦称语句表)类似于计算机汇编语言的形式,是采用指令的助记符来编程的。但 PLC 的指令表却比汇编语言的语句表通俗易懂,因此也是一种比较常用的编程语言。

不同的 PLC,指令表使用的助记符不相同,以表 1-4 中的电动机"启—保—停"控制程序为例,由于采用 S7-200 系列产品,可写出与表中梯形图程序完全对应的指令表格式程序:

```
LD    I0.0    //表示逻辑操作开始,常开接点与母线连接
O     Q0.0    //表示常开接点并联
AN    I0.1    //表示常闭接点串联
AN    I0.2    //表示常闭接点串联
=     Q0.0    //表示输出
```

可见,指令表是由若干条指令组成的程序。指令是程序的最小独立单元。每个操作功能由一条或几条指令组成。PLC 的指令表达形式与计算机的指令表达形式类似,是由操作码和操作数两部分组成。

其格式为:操作码   操作数
　　　　　　(指令) (数据)

操作码用助记符表示,表明 CPU 要完成的操作功能;操作数表明操作码所操作的对象。操作数一般由标识符和参数组成,但也可以不写。由于 PLC 功能不同,其指令的类型各不相同,因此具体指令的内容在以后各项目中详细介绍。

2. 程序写入方式

以三相异步电动机典型"启—保—停"控制电路为例,如果只是完成了 PLC 的输入输出配线及电动机主回路连接,没有对 PLC 写入相应的控制程序,系统是不能正常工作的。通过工程实际中较为常见的控制系统,表 1-4 展示了 PLC 最小控制系统的组成方案、硬件电路、控制程序及程序写入方法。关于使用 STEP7-Micro/WIN V4.0 SP6 编程软件编辑 PLC 控制程

序的具体方法可参见本书附录一。

表 1-4　PLC 最小系统的软硬件组成方案

系统 组成	● 西门子 S7-200 CPU222 AC/DC/Relay 可编程控制器 ● STEP7-Micro/WIN V4.0 SP6 编程软件 ● USB/PPI 适配电缆及其驱动程序
硬件 电路	
控制程 序（梯 形图程 序）	
程序 写入	 USB/PPI 电缆连接示意图　　　　　　USB/PPI 电缆外形 编程步骤： ① 在计算机上安装 STEP7-Micro/WIN V4.0 SP6 编程软件，按表中所示梯形图编辑程序； ② 用 USB/PPI 适配电缆连接计算机与西门子 S7-200 CPU224 AC/DC/RLY 型可编程控制器； ③ 在计算机上安装 USB/PC/PPI 驱动程序； ④ 接通 PLC 电源，由计算机向 PLC 下载已经编制好的梯形图程序； ⑤ 切断电源，从 PLC 上拔下连接电缆，编程即完成。 当再次接通 PLC 工作电源时系统即能完成"启—保—停"电路的控制功能

二、S7-200 系列 PLC 的编程软元件

PLC 的编程软元件实质上为存储器单元，每个单元都有唯一的地址。为了方便不同的编程功能需要，存储器单元作了分区，因此，也就有了不同类型的编程软元件。

在系统软件的安排下，不同的软元件具有不同的功能。以下介绍 S7-200 系列 PLC 常用编程软元件的功能及使用方法（软元件名称后括号中的字母为软元件分区的标识）。

1．输入继电器（I）

输入继电器和 PLC 的输入端子相连，是专设的输入过程映像寄存器，用来接收外部传感器或开关元件发来的信号，但机器读取这些信号时并不影响这些信号的状态。输入继电器一般采取八进制编号，一个端子占用一个点。图 1-20 所示为编号为 I0.0 的输入继电器的等效电路图，当外部按钮驱动，其线圈接通，常开、常闭触点的状态发生相应变化。编程时注意输入继电器不能由程序驱动，其触点也不能直接输出带动负载。

2．输出继电器（Q）

输出继电器是 PLC 向外部负载发出控制命令的窗口，是专设的输出过程映像寄存器。以"RLY"输出方式为例，输出继电器提供一个常开型外部输出触点，并接到输出端子上，以控制外部负载。输出继电器的外部输出执行器件有 3 种，即继电器、晶体管和晶闸管。图 1-21 所示为编号为 Q0.0 的输出继电器的等效电路，当程序驱动输出继电器 Q0.0 接通时，它所连接的外部电器被接通。同时输出继电器的常开、常闭触点动作，可在程序中使用。

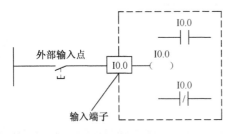

图 1-20　输入继电器等效电路

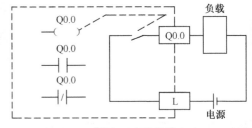

图 1-21　输出继电器等效电路

3．内部标志位（M）

内部标志位也称位存储区。在逻辑运算中经常需要一些存储中间操作信息的元件，它们并不直接驱动外部负载，只起中间状态的暂存作用，类似于继电接触器系统中的中间继电器，在 S7-200 系列 PLC 中称为内部标志位（Marker），多以位（bit）为单位使用。

4．特殊标志位（SM）

特殊标志位是用户与系统程序之间的界面，为用户提供一些特殊的控制功能及系统信息，用户对操作的一些特殊要求也通过 SM 通知系统。特殊标志位可分为只读区及可读/可写区两大部分，只读区特殊标志位，用户只能利用其触点。例如：

SM0.0　RUN 监控，PLC 在 RUN 状态时，SM0.0 总为 ON；

SM0.1　初始化脉冲，PLC 由 STOP 转为 RUN 时，SM0.1 ON 一个扫描周期；

SM0.2　当 RAM 中保存的数据丢失时，SM0.2 ON 一个扫描周期；

SM0.3　PLC 上电进入 RUN 时，SM0.3 ON 一个扫描周期；

SM0.4 分脉冲，占空比为 50%，周期为 1min 的脉冲串；

SM0.5 秒脉冲，占空比为 50%，周期为 1s 的脉冲串；

SM0.6 扫描时钟，一个扫描周期为 ON，下一个扫描周期为 OFF，交替循环；

SM0.7 指示 CPU 上 MODE 开关的位置，0=TERM，1=RUN，通常用来在 RUN 状态下启动自由口通信方式。

又如 SMB28 和 SMB29 分别存储 CPU 自带的模拟电位器 0 和 1 的当前值，数值范围为 0～255。用户用起子旋动模拟电位器也就改变了 SMB28/SMB29 的值。在程序中恰当地安排 SMB28/SMB29 可以方便地修改某些设定值。

可读/可写特殊标志位用于特殊控制功能，例如，用于自由口设置的 SMB30，用于定时中断时间设置的 SMB34/SMB35，用于高速计数器设置 SMB36～SMB65，用于脉冲串输出控制的 SMB66～SMB85……其使用详情在各对应功能指令解释时加以说明。

5. 定时器（T）

PLC 中定时器的作用相当于时间继电器，定时器的设定值由程序赋予。每个定时器有一个 16bit 的当前值寄存器及一个状态 bit，称为 T-bit。定时器的计时过程采用时间脉冲计数的方式，其时基增量（分辨率）分为 1ms、10ms 和 100ms 3 种。

6. 计数器（C）

计数器的结构与定时器基本一样，其设定值在程序中赋予。计算器有一个 16bit 的当前值寄存器及一个状态 bit，称为 C-bit。计数器用来对输入端子或内部元件送来的脉冲进行计数，具有加计数器、减计数器及加减计数器 3 种类型。一般计数器的计数频率受扫描周期的影响，不可以太高。高频信号的计数可以用指定的高速计数器（HSC）。

7. 高速计数器（HSC）

高速计数器用于对频率高于扫描频率的机外高速信号计数，高速计数器使用主机上的专用端子接收这些信号，高速计数器用 HSC 标识，其数据为 32 位的有符号的高速计数器的当前值。

8. 变量寄存器（V）

变量存储区具有较大容量的变量寄存器，用于存储程序执行过程中控制逻辑的中间结果，或用来保存与工序或任务相关的其他数据。

9. 累加器（AC）

S7-200 CPU 中提供 4 个 32bit 累加器（ACC0～ACC3）。累加器常用作数据处理的执行器件。

10. 局部存储器（L）

局部存储器和变量存储器很相似，主要区别是变量存储器是全局有效的，而局部存储器是局部的。全局是指同一个存储器可以被任何程序存取（包括主程序、子程序及中断子程序）；局部是指存储区和特定的程序相关联。局部存储器可分配给主程序、子程序或中断子程序，但不同的程序段不能访问不同程序段中的局部存储器。局部存储器常用来作为临时数据的存储器或者为子程序传递参数。

11. 状态元件（S）

状态元件是使用顺控继电器指令的重要元件，通常与顺序控制指令 LSCR、SCRT、SCRE 结合使用，实现顺控流程的方法即 SFC（Sequential Function Chart）编程。

12．模拟量输入（AI）

S7-200 将工业现场连续变化的模拟量（例如温度、压力、电流、电压等）用 A/D 转换器转换为 1 个字长（16 位）的数字量。用区域标识符 AI 以及表示数据长度的代号 W 和起始字节的地址来表示模拟量输入的地址。因为模拟量输入是 1 个字长，应从偶数字节地址开始存放，例如 AIW2、AIW4、AIW6 等，模拟量输入值为只读数据。

13．模拟量输出（AQ）

S7-200 将 1 个字长的数字用 D/A 转换器转换为现场控制所需的模拟量。用区域标识符 AQ 以及表示数据长度的代号 W 和字节的起始地址来表示存储模拟量输出的地址。因为模拟量输出是 1 个字长，应从偶数字节地址开始存放，例如 AQW2、AQW4、AQW6 等，模拟量输出值是只写数据，用户不能读取模拟量输出值。

14．顺序控制继电器（S）

顺序控制继电器（SCR）用于组织设备的顺序操作，SCR 提供控制程序的逻辑分段。

15．数值的表示方法

（1）数据类型及范围

S7-200 系列 PLC 在存储单元所存放的数据类型有布尔型（BOOL）、整数型（INT）和实数型（REAL）3 种。不同长度数值所能表示的整数范围见表 1-5。

表 1-5　数据大小范围及相关整数范围

数据大小	无符号整数		符号整数	
	十进制	十六进制	十进制	十六进制
B（字节）8 位值	0～255	0～FF	−128～127	80～7F
W（字）16 位值	0～65535	0～FFFF	−32768～32767	8000～7FFF
DW（双字）32 位值	0～4294967295	0～FFFFFFFF	−2147483648～2147843647	80000000～7FFFFFFF

布尔型数据指字节型无符号整数。常用的整数型数据包括单字长（16 位）符号整数和双字长（32 位）符号整数两类。实数型数据（浮点数）采用 32 位单精度数表示，数据范围如下：

正数：$+1.175495E{-}38$～$+3.402\ 823E{+}38$；

负数：$-1.175\ 495E{-}38$～$-3.402\ 823E{+}38$。

（2）常数

在 S7-200 的许多指令中使用常数，常数值的长度可以是字节、字或双字。CPU 以二进制方式存储常数，可以采用十进制、十六进制、ASCII 码或浮点数形式书写常数。下面是常用格式书写常数的例子。

十进制常数：30 047

十六进制常数：$(4E5)_{16}$

ASCII 码常数："show"

实数或浮点数格式：$+1.175\ 495E{-}38$（正数）

$\qquad\qquad\qquad -1.175\ 495E{-}38$（负数）

二进制格式：$(1010\ 0101)_2$

PLC 的硬件结构是软件编程的基础，S7-200 系列 PLC 各编程软元件的具体配置见表 1-6。

表 1-6　S7-200 系列 CPU 编程元器件配置一览表

	CPU221	CPU222	CPU224	CPU224KP	CPU226
用户程序大小					
带运行模式下编辑	4096 字节	4096 字节	8192 字节	12 288 的字节	16 384 字节
不带运行模式下编辑	4096 字节	4096 字节	12 288 字节	16 384 字节	24 576 字节
用户数据大小	2048 字节	2048 字节	8192 字节	10 240 字节	10 240 字节
输入映像寄存器	I0.0-I15.7	I0.0-I15.7	I0.0-I15.7	I0.0-I15.7	I0.0-I15.7
输出映像寄存器	Q0.0-Q15.7	Q0.0-Q15.7	Q0.0-Q15.7	Q0.0-Q15.7	Q0.0-Q15.7
模拟量输入（只读）	AIW0-AIW30	AIW0-AIW30	ATW0-AIW62	AIW0-AIW62	AIW0-AIW62
模拟量输出（只写）	AQW0-AQW30	AQW0-AQW30	AQW0-AQW62	AQW0-AQW62	AQW0-AQW62
变量存储器（V）	VB0-VB2047	VB0-VB2047	VB0-VB8191	VB0-VB10239	VB0-VB10239
局部存储器（L）[1]	LB0-LB63	LB0-LB63	LB0-LB63	LB0-LB63	LB0-LB63
位存储器（M）	M0.0-M31.7	M0.0-M31.7	M0.0-M31.7	M0.0-M31.7	M0.0-M31.7
特殊存储器（SM）	SM0.0-SMl79.7	SM0.0-SM299.7	SM0.0-SM549.7	SM0.0-SM549.7	SM0.0-SM549.7
只读	SM0.0-SM29.7	SM0.0-SM29.7	SM0.0-SM29.7	SM0.0-SM29.7	SM0.0-SM29.7
定时器	256（T0-T255）	256（T0-T255）	256（T0-T255）	256（T0-T255）	256（T0-T255）
有记忆接通延迟　1ms	T0,T64	T0,T64	T0,T64	T0,T64	T0,T64
10ms	T1-T4, T65-T68	T1-T4, T65-T68	T1-T4, T65-T68	T1-T4, T65-T68	T1-T4, T65-T68
100ms	T5-T31, T69-T95	T5-T31, T69-T95	T5-T31, T69-T95	T5-T31, T69-T95	T5-T31, T69-T95
接通/关断延迟　1ms	T32,T96	T32,T96	T32,T96	T32,T96	T32,T96
10ms	T33-T36, T97-T100	T33-T36, T97-T100	T33-T36, T97-T100	T33-T36, T97-T100	T33-T36, T97-T100
100ms	T37-T63, T101-T255	T37-T63, T101-T255	T37-T63, T101-T255	T37-T63, T101-T255	T37-T63, T101-T255
计数器	C0-C255	C0-C255	C0-C255	C0-C255	C0-C255
高速计数器	HC0-HC5	HC0-HC5	HC0-HC5	HC0-HC5	HC0-HC5
顺序控制继电器（S）	S0.0-S31.7	S0.0-S31.7	S0.0-S31.7	S0.0-S31.7	S0.0-S31.7
累加寄存器	AC0-AC3	AC0-AC3	AC0-AC3	AC0-AC3	AC0-AC3

续表 1-6

	CPU221	CPU222	CPU224	CPU224KP	CPU226
跳转/标号	0-255	0-255	0-255	0-255	0-255
调用/子程序	0-63	0-63	0-63	0-63	0-127
中断程序	0-127	0-127	0-127	0-127	0-127
正/负跳变	256	256	256	256	256
PID 回路	0-7	0-7	0-7	0-7	0-7
端口	端口 0	端口 0	端口 0	端口 0, 1	端口 0, 1

表注 1：LB60-LB63 为 STEP7-Micro/WIN32 的 3.0 及以上的版本软件保留。

三、S7-200 寻址方式

S7-200 将信息存于不同的存储单元，每个单元都有一个唯一的地址，系统允许用户以字节、字、双字为单位存、取信息。提供参与操作的数据地址的方法称为寻址方式。S7-200 数据寻址方式有立即数寻址、直接寻址和间接寻址 3 大类。立即数寻址的数据在指令中以常数形式出现，直接寻址和间接寻址方式有位、字节、字和双字 4 种寻址格式，下面对直接寻址和间接寻址方式加以说明。

1. 直接寻址方式

直接寻址方式是指在指令中直接使用存储器或寄存器的元件名称和地址编号，直接查找数据。数据直接寻址指的是，在指令中明确指出了存取数据的存储器地址，允许用户程序直接存取信息。数据直接地址格式如图 1-22 所示。

数据的直接地址包括内存区域标志符，数据大小及该字节的地址或字、双字的起始地址，以及位分隔符和位地址。

8 个连续的位组成一个字节（Byte），16 个连续的位组成一个字（Word），两个连续的字组成一个双字（DoubleWord）。作为工业控制计算机，PLC 处理的数据可以是二进制数中的一位，也可以是一个字节、两个字节或多个字节的各种数制的数字。这样就有了依数据长度不同引出的寻址方式。

（1）位寻址（bit）

位寻址也称字节·位寻址，一个字节占有 8 个位。图 1-23 所示为字节·位寻址的例子，I7.4 在输入存储区中的位置由黑色区域表示，输入存储区 "I" 是整个存储器的一个区域。在进行字节·位寻址时，一般将该位看作是一个独立的软元件，像一个继电器一样，认为它有线圈及常开、常闭触点，且当该位置 1，即线圈 "得电" 时，常开触点接通，常闭触点断开。由于取用这类元件的触点只不过是访问该位的 "状态"，可以认为这些软元件的触点有无数多对。字节·位寻址一般用于处理 "开关量" 或 "逻辑量"。

（2）字节寻址（8bit）

字节寻址以存储区标识符、字节标识符、字节地址组合而成，如图 1-24 所示的 VBl00。

（3）字寻址（16bit）

字寻址以存储区标识符、字标识符及字节地址组合而成，如图 1-24 所示的 VWl00。

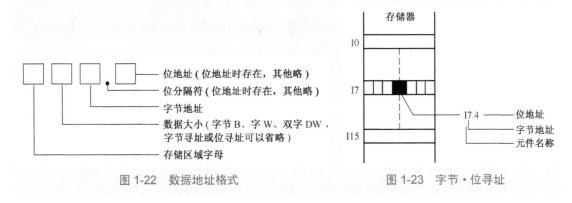

图 1-22　数据地址格式　　　　　　　　　　图 1-23　字节·位寻址

（4）双字寻址（32bit）

双字寻址以存储区标识符、双字标识符、字节地址组合而成，如图 1-24 所示的 VD100。

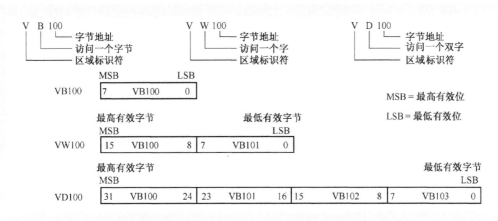

图 1-24　对同一地址进行字节、字和双字寻址的比较

为了使用方便及使数据与存储单元长度统一，在 S7-200 系列 PLC 中，一般存储单元都具有字节·位寻址、字节寻址、字寻址及双字寻址 4 种寻址方式，但在不同的寻址方式选用了同一字节地址作为起始地址时，其所表示的地址空间是不同的。图 1-24 中给出了 VB100、VW100、VD100 等 3 种寻址方式所对应的 3 个存储单元所占的实际存储空间，这里要注意的是，"VB100" 是最高有效字节，而且存储单元不可重复使用。

一些存储数据专用的存储单元不支持位寻址方式，主要有模拟量输入、模拟量输出存储器，累加器、定时器、计数器的当前值存储器等。还有一些存储器的寻址方式与数据长度不方便统一，如累加器无论采用字节、字或双字寻址，都要占用全部 32 位存储单元。与累加器相反，模拟量输入、输出单元为字标号，但由于模拟量规定为 16 位，模拟量单元寻址时均以偶数标志。

此外，定时器、计数器具有当前值存储器及位存储器二类存储器，但属于同一个器件的存储器采用同一标号寻址。

S7-200 各种 CPU 存储空间的有效寻址范围见表 1-7。

表 1-7　S7-200 各种 CPU 存储空间的有效寻址范围

存取方式		CPU221	CPU222	CPU224	CPU224XP	CPU226
位存取（字节·位）	I	0.0-15.7	0.0-15.7	0.0-15.7	0.0-15.7	0.0-15.7
	Q	0.0-15.7	0.0-15.7	0.0-15.7	0.0-15.7	0.0-15.7
	V	0.0-2047.7	0.0-2047.7	0.0-8191.7	0.0-10239.7	0.0-10239.7
	M	0.0-31.7	0.0-31.7	0.0-31.7	0.0-31.7	0.0-31.7
	SM	0.0-165.7	0.0-299.7	0.0-549.7	0 0-549.7	0 0-549.7
	S	0.0-31.7	0.0-31.7	0.0-31.7	0.0-31.7	0.0-31.7
	T	0-255	0-255	0-255	0-255	0-255
	C	0-255	0-255	0-255	0-255	0-255
	L	0.0-63.7	0.0-63.7	0.0-63.7	0.0-63.7	0.0-63.7
字节存取	IB	0-15	0-15	0-15	0-15	0-15
	QB	0-15	0-15	0-15	0-15	0-15
	VB	0-2047	0-2047	0-8191	0-10239	0-10239
	MB	0-31	0-31	0-31	0-31	0-31
	SMB	0-165	0-299	0-549	0-549	0-549
	SB	0-31	0-31	0-31	0-31	0-31
	LB	0-63	0-63	0-63	0-63	0-63
	AC	0-3	0-3	0-3	0-255	0-255
	KB（常数）	KB（常数）	KB（常数）	KB（常数）	KB（常数）	KB（常数）
字存取	IW	0-14	0-14	0-14	0-14	0-14
	QW	0-14	0-14	0-14	0-14	0-14
	VW	0-2046	0-2046	0-8190	0-10238	0-10238
	MW	0-30	0-30	0-30	0-30	0-30
	SMW	0-164	0-298	0-548	0-548	0-548
	SW	0-30	0-30	0-30	0-30	0-30
	T	0-255	0-255	0-255	0-255	0-255
	C	0-255	0-255	0-255	0-255	0-255
	LW	0-62	0-62	0-62	0-62	0-62
	AC	0-3	0-3	0-3	0-3	0-3
	AIW	0-30	0-30	0-62	0-62	0-62
	AQW	0-30	0-30	0-62	0-62	0-62
	KB（常数）	KB（常数）	KB（常数）	KB（常数）	KB（常数）	KB（常数）
双字存取	ID	0-12	0-12	0-12	0-12	0-12
	QD	0-12	0-12	0-12	0-12	0-12
	VD	0-2044	0-2044	0-8188	0-10236	0-10236
	MD	0-28	0-28	0-28	0-28	0-28
	SMD	0-162	0-296	0-546	0-546	0-546
	SD	0-28	0-28	0-28	0-28	0-28
	LD	0-60	0-60	0-60	0-60	0-60
	AC	0-3	0-3	0-3	0-3	0-3
	HC	0-5	0-5	0-5	0-5	0-5
	KD（常数）	KD（常数）	KD（常数）	KD（常数）	KD（常数）	KD（常数）

2. 间接寻址

存储单元中也可以是一个地址，称为间接寻址。间接寻址指用指针来访问存储区数据。指针以双字的形式存储其他存储区的地址，只能用 V 存储器、L 存储器或者累加器寄存器（AC1、AC2、AC3）作为指针。要建立一个指针，必须以双字的形式，将需要间接寻址的存储器地址移动到指针中。指针也可作为参数传递到子程序中。

S7-200 允许指针访问以下存储区：I、Q、V、M、S、AI、AQ、SM、T（仅限于当前值）和 C（仅限于当前值）。不能用间接寻址的方式访问位地址，也不能访问 HC 或者 L 存储区。

图 1-25 所示为一个使用指针的例子。要使用间接寻址，应该用"&"符号加上要访问的存储区地址来建立一个指针。指令"MOVD&VW200，AC1"中操作数 VB200 以"&"符号开头表明是将存储区的地址而不是其内容移动到指令的输出操作数 AC1（指针）中。当指令的操作数是指针时，应该在操作数前面加上"*"号，指令"MOVW *AC1，AC0"中"*AC1"指定 AC1 是一个指针，MOVW 指令决定了指针指向的是一个字长（16bit）的数据。在本例中，存储在 VB200 和 VB201 中的数值被移动到累加器 AC0 中。

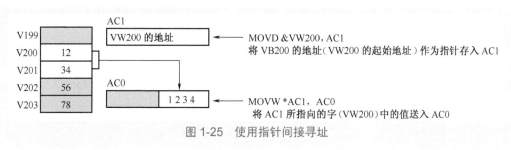

图 1-25　使用指针间接寻址

▶▶▶ **操作指导**

1. 画出接线图，安装电路

根据任务要求，采用 S7-200 CPU224 AC/DC/RLY 型 PLC，彩灯开关控制 I/O 接线如图 1-26 所示。

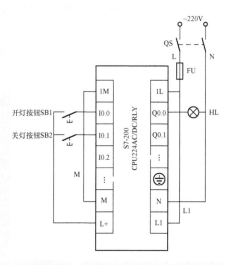

图 1-26　彩灯的 PLC 开关控制接线图

输入输出继电器地址分配见表 1-8。

表 1-8　输入输出继电器的地址分配表

编程元件	I/O 端子	电路器件	作　用
输入继电器	I0.0	SB1	开灯按钮
	I0.1	SB2	关灯按钮
输出继电器	Q0.0	HL	输出彩灯

在教师指导下，按图 1-26 所示的彩灯 PLC 开关控制接线图，完成 I/O 电路的硬件接线。安装要求同任务一。

2．自检

检查布线。对照接线图检查是否掉线、错线，是否漏编、错编，接线是否牢固等。

3．编辑控制程序

参考本书附录一，在装有 STEP7-Micro/WIN V4.0 SP6 编程软件的个人计算机上，编辑 PLC 控制程序并在编译后保存为"*.mwp"格式文件备用。彩灯的 PLC 开关控制参考梯形图及指令表程序如图 1-27 所示。

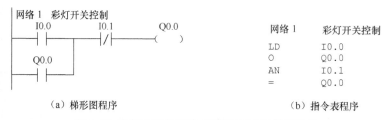

（a）梯形图程序　　　　　　　　　　　　　　　　（b）指令表程序

图 1-27 彩灯开关控制参考梯形图及指令表程序

4．程序下载

① 在 PLC 断电状态下，用 USB/ PPI 电缆连接计算机与 S7-200 CPU224 AC/DC/RLY 型 PLC。

② 合上控制电源开关 QS，将运行模式选择开关拨到 STOP 位置，通过软件将编制好的控制程序下载到 PLC。

注意：一定要在断开 QS 的情况下插拔适配电缆，否则极易损坏 PLC 通信接口。

5．运行彩灯开关控制程序

① 将运行模式选择开关拨到 RUN 位置，使 PLC 进入运行方式。

② 按下开灯按钮 SB1，观察彩灯是否立即点亮。

③ 按下关灯按钮 SB2，观察彩灯是否立即熄灭。

④ 再次按下开灯按钮 SB1，如果彩灯能够重新点亮，按下关灯按钮 SB2，彩灯再次熄灭，表明程序运行正常。

▶▶▶ **课后思考**

（1）说明特殊标志位的功能并举例说明其应用。

（2）S7-200 系列 PLC 有哪几种寻址方式？分别绘出 I1.2、VB200、VW302、VD500 所

代表的存储区结构图。

（3）S7-200 系列 PLC 的编程元件有输入触点 I、输出继电器 Q、内部标志位 M、特殊标志位 SM、定时器 T、计数器 C、累加器 AC、模拟量输入 AI、模拟量输出 AQ、顺序控制继电器 S、变量存储区 V 和局部存储区 L 等。上述编程元件中有哪些不能用于位（bit）寻址方式？

 **目评价**

考核项目	考核要求	配分	评分标准	（按任务）评分	
				一	二
元件安装	① 合理布置元件； ② 会正确固定元件	10	① 元件布置不合理每处扣 3 分； ② 元件安装不牢固每处扣 5 分； ③ 损坏元件每处扣 5 分		
线路安装	① 根据控制任务做 I/O 分配； ② 画出 PLC 控制 I/O 连接图； ③ 按图施工； ④ 布线合理、接线美观； ⑤ 布线规范，无线头松动、压皮、露铜、损伤绝缘层等现象	40	① I/O 点分配不全或不正确每处扣 2 分； ② 接线图表达不正确每处扣 2 分； ③ 接线不正确扣 30 分； ④ 布线不合理、不美观每根扣 3 分； ⑤ 走线不横平竖直每根扣 3 分； ⑥ 线头松动、压皮、露铜及损伤绝缘层每处扣 5 分		
编程下载	① 正确画出功能图并转换成梯形图； ② 正确输入梯形图或指令表； ③ 会转换梯形图； ④ 正确保存文件； ⑤ 会传送程序	30	① 不能设计程序或设计错误扣 6 分； ② 输入梯形图或指令表错误每处扣 2 分； ③ 转换梯形图错误扣 4 分； ④ 保存文件错误扣 4 分； ⑤ 传送程序错误扣 4 分		
通电试车	按照要求和步骤正确检查、调试电路	20	通电调试不成功每次扣 5 分		
安全生产	自觉遵守安全文明生产规程	—	发生安全事故，0 分处理		
时间	4h	—	提前正确完成，每 10min 加 5 分； 超过定额时间，每 5min 扣 2 分		
综合成绩（此栏由指导教师填写）					

习 题

1．PLC 的常用编程语言及编程工具有哪些？

2．思考下列问题，将正确的答案填入空白处。

（1）PLC 的内部有很多等效继电器，但只有输入继电器和输出继电器是可以与外围设备进行连接的。其中_____继电器的驱动线圈有外部接线端子，_____继电器的动合触头有外部接线端子。

（2）PLC 的主要编程设备有＿＿＿＿＿＿＿＿＿＿＿＿＿＿＿＿＿＿＿＿＿＿＿＿＿。

（3）PLC 的输出接口电路一般有＿＿＿＿＿输出方式、＿＿＿＿＿＿输出方式和＿＿＿＿＿3 种输出方式。

3．简述 PLC 型号中"AC/DC/RLY"的含义。

4．八进制数和十六进制数只是二进制数的两种较为方便的写法。但二进制数和 BCD 数是两个不同的概念。一个多位十进制数的 BCD 数和二进制数是不一样的。

例如，十进数 96 的 BCD 数和二制数分别写成：

十进制数　　　　96

BCD 数　　　　10010110

二进制数　　　　01100000

在 PLC 的很多指令中，既有对二进制数的运算处理，也有对 BCD 数的运算处理，并且有二进制数和 BCD 数的相互转换指令，使用时应予以区分。

思考并计算以下两题，把结果填入空格内。

（1）十进制数 37 在不同数制中应分别写成：

二进制数＿＿＿＿＿＿＿＿＿＿

八进制数＿＿＿＿＿＿＿＿＿＿

十六进制数＿＿＿＿＿＿＿＿＿

BCD 数　＿＿＿＿＿＿＿＿

（2）二进制数 01101100 在不同数制中应分别写成：

十进制数＿＿＿＿＿＿＿＿＿＿

八进制数＿＿＿＿＿＿＿＿＿＿

十六进制数＿＿＿＿＿＿＿＿＿

BCD 数　＿＿＿＿＿＿＿＿

S7-200 系列 PLC 基本逻辑指令及应用

目情境

虽然不同公司、不同型号的 PLC 产品，都有其相应的指令系统，但其指令结构及编程规则是极为相似的。本书仅对 S7-200 系列 PLC 的指令系统进行探讨。该项目将详细叙述 S7-200 系列 PLC 的基本逻辑指令，并结合编程举例、课堂演示、技能训练等环节，使读者掌握 PLC 的基本编程方法和应用。

本项目在各学习任务中的相关知识等环节，详细叙述 S7-200 系列 PLC 的基本逻辑指令，通过不同学习任务中用户程序的编辑、下载及运行调式，使读者掌握 PLC 的基本编程方法和实际应用技能。

目实施节奏

本项目实施前，应向学生介绍西门子公司的官方网站，学会下载 S7-200 系列 PLC 编程手册及编程软件等，全面了解 PLC 技术支持外围环境。教师根据学生掌握电气及 PLC 基本技能的熟练程度，结合器材准备情况，将全班同学按项目任务分成相应的 3 个大组，每个大组包含若干个学习小组，各小组成员以 2～3 名为宜。所有学习任务应按顺序进行，建议完成时间为 20 学时。

任　　务	相关知识讲授	分组操作训练	教师集中点评
一	4h	3.5h	0.5h
二	2h	3.5h	0.5h
三	2h	3.5h	0.5h

目所需器材

学习所需的全部工具、设备见表 2-1。根据所选学习任务的不同，各小组领用器材略有区别。

表 2-1 工具、设备清单

序号	分类	名　　称	型号规格	数量	单位	备注
1	任务一设备	PLC	S7-200 CPU224 AC/DC/RLY	1	台	
2		编程电缆	PC/PPI 或 USB/PC/PPI	1	根	
3		小型断路器	DZ47-63 C10/2P	1	只	
4		熔断器	RT18-32/2A	1	套	
5		常开按钮	NP2-BA31/ NP2-BA41	5	只	1 只 NP2-BA41
6		指示灯	ND16-22BS/2-220V（红）	4	只	
7	任务二设备	PLC	S7-200 CPU224 AC/DC/RLY	1	台	
8		编程电缆	PC/PPI 或 USB/PC/PPI	1	根	
9		小型断路器	DZ47-63 C10/2P	1	只	
10		熔断器	RT18-32/2A	1	套	
11		输出指示灯	ND16-22BS/2-220V（红）	1	只	
12		按钮盒	BX1	1	只	
13	任务三设备	PLC	S7-200 CPU224 AC/DC/RLY	1	台	
14		编程电缆	PC/PPI 或 USB/PC/PPI	1	根	
15		小型断路器	DZ47-63 C10/2P	1	只	
16		熔断器	RT18-32/2A	1	套	
17		转换开关	NP2-BD21	1	只	
18		常开按钮	NP2-BA31	1	只	
19		节能灯	3W/220V 螺口	1	只	
20		螺口灯座	吸顶安装式	1	只	
21	工具及辅材	编程计算机	配备相应软件	1	台	工具及辅材适用于所有学习任务
22		常用电工工具	—	1	套	
23		万用表	MF47	1	只	
24		端子板	TD-15/10	1	条	
25		单相电源插头（带线）	5A	1	根	
26		安装板	600mm×800mm 金属网板或木质高密板	1	块	
27		按钮安装支架（非标）	170mm×170mm×70mm	1	个	
28		DIN 导轨	35mm	0.5	m	
29		走线槽	TC3025	若干	m	
30		导线	BVR 1mm² 黑色	若干	m	
31		尼龙绕线管	ϕ8mm	若干	m	
32		螺钉	—	若干	颗	
33		号码管、编码笔	—	若干	—	

任务一　抢答器控制

▶▶▶ 任务目标

（1）学习 S7-200 系列 PLC 的位逻辑指令。

（2）掌握使用位逻辑指令进行编程的基本方法。

（3）掌握 S7-200 系列 PLC 输出继电器分组形式及配线方法。

▶▶▶ **任务分析**

在各种知识竞赛中，经常用到抢答器，现有 4 人抢答器，通过 CPU224 型 PLC 来实现控制。其硬件组成及布局如图 2-1 所示，4 个抢答器按钮 SB1～SB4，分别与 PLC 的 4 个输入端子 I0.1～I0.4 相连，与之对应的 4 路输出指示灯 HL1～HL4 则分别与 PLC 的 4 个输出端子 Q0.1～Q0.4 相连。控制要求：只有最早按下抢答按钮的参赛方，才能点亮其序号相同的输出指示灯。后续者无论是否按下抢答按钮，均不会有输出。当组织人按下复位按钮 SB0 后，输入端 I0.0 接通使抢答器复位，从而进入下一轮竞赛。

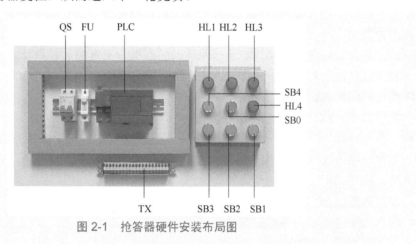

图 2-1　抢答器硬件安装布局图

▶▶▶ **相关知识**

梯形图指令与语句表指令是 PLC 程序最常用的两种表述工具，它们之间有着密切的对应关系。逻辑控制指令是 PLC 中最基本最常见的指令，是构成梯形图及语句表的基本成分。

基本逻辑控制指令一般指位逻辑指令、定时器指令及计数器指令。位逻辑指令又含触点指令、线圈指令、逻辑堆栈指令、RS 触发器指令等。有关逻辑堆栈指令的相关内容将在后续项目中学习。这些指令处理的对象大多为位逻辑量，主要用于逻辑控制类程序中。

1．编程相关问题

（1）PLC I/O 端点的分配方法

每一个传感器或开关输入对应一个 PLC 确定的输入点，每一个负载对应一个 PLC 确定的输出端点。外部按钮（包括启动和停车）一般用动合触点。

（2）输出继电器的使用方法

PLC 在写输出阶段要将输出映像寄存器的内容送至输出点 Q，继电器输出方式时，PLC 的继电器触点要动作，所以输出端不带负载时，控制线圈应使用内部继电器 M 或其他，尽可能不要使用输出继电器 Q 的线圈。

（3）梯形图程序绘制方法

梯形图程序是利用 STEP7 编程软件在梯形图区按照自左而右、自上而下的原则绘制的。为提高 PLC 运行速度，触点的并联网络多连在左侧母线，线圈位于最右侧。

（4）梯形图网络段结构

梯形图网络段的结构是软件系统为程序注释和编译附加的，双击网络题目区，可以在弹出的对话框中填写程序段注释。网络段结构不增加程序长度，并且软件的编译结果可以明确指出程序错误语句所在的网络段。清晰的网络结构有利于程序的调试，正确地使用网络段，有利于程序的结构化设计，使程序简明易懂。

2．触点及线圈指令

触点及线圈是梯形图最基本的元素，从元件角度出发，触点及线圈是元件的组成部分，线圈得电则该元件的常开触点闭合，常闭触点断开；反之，线圈失电则常开触点恢复断开，常闭触点恢复接通。从梯形图的结构而言，触点是线圈的工作条件，线圈的动作是触点运算的结果。触点指令含标准触点、立即触点、取反指令及正、负跳变指令，由于触点分常开及常闭两种类型，以上提及的指令又可分为针对常开触点和针对常闭触点的。由于触点在梯形图中的位置及其与其他触点间的连接关系，触点指令又有触点并联及触点串联两种。

立即触点是针对快速输入需要而设立的。立即触点指令的操作数是输入口。立即触点可以不受扫描周期的影响，即时地反映输入状态的变化。

取反指令（NOT）改变能流输入的状态，也就是说，当到达取反指令的能流为 1 时，经过取反指令后能流则为 0；当到达取反指令的能流为 0 时，经过取反指令后能流则为 1。

正跳变指令（EU）可用来检测由 0 到 1 的正跳变，负跳变指令（ED）可用来检测由 1 到 0 的负跳变，正、负跳变允许能流通过一个扫描周期。

（1）触点指令

触点指令的类型、梯形图符号及使用说明见表 2-2。

表 2-2　触点指令

指令格式		梯形图符号	数据类型	操作数	指令名称及功能
标准触点	常开 LD	 ⊣├ bit	位：BOOL	I、Q、V、M、SM、S、T、C、L、能流	装载指令：常开触点与左侧母线相连接
	常开 A	⊣├ bit			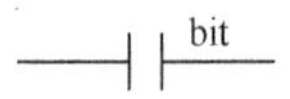 与指令：常开触点与其他程序段相串联
	常开 O	bit ⊣├			 或指令：常开触点与其他程序段相并联
	常闭 LDN	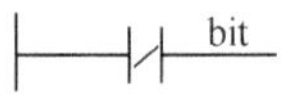 ⊣/├ bit			装载指令：常闭触点与左侧母线相连接
	常闭 AN	⊣/├ bit			 与指令：常闭触点与其他程序段相串联
	常闭 ON	bit ⊣/├			 或指令：常闭触点与其他程序段相并联
立即触点	常开 LDI	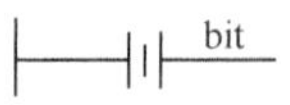 ⊣┤├ bit		I	装载指令：常开立即触点与左侧母线相连接
	常开 AI	⊣┤├ bit			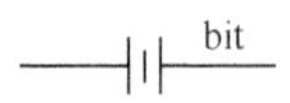 与指令：常开立即触点与其他程序段相串联
	常开 OI	bit ⊣┤├			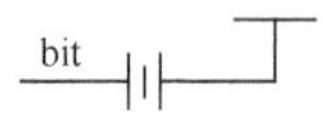 或指令：常开立即触点与其他程序段相并联

续表 2-2

指令格式		梯形图符号	数据类型	操作数	指令名称及功能
立即触点	常闭 LDNI	─┤ ├─ bit			装载指令：常闭立即触点与左侧母线相连接
	常闭 ANI	─┤ ├─ bit	I		与指令：常闭立即触点与其他程序段相串联
	ONI	bit ─┤ ├─			或指令：常闭立即触点与其他程序段相并联
			位：BOOL		
取反	NOT	─NOT─		无	取反指令：改变能流输入的状态
正负跳变	正 EU	─┤ P ├─		无	正跳变指令：检测到一次正跳变，能流接通一个扫描周期
	负 ED	─┤ N ├─		无	负跳变指令：检测到一次负跳变，能流接通一个扫描周期

触点指令运用示例参见表 2-3。

表 2-3　触点指令运用示例

梯形图（LAD）	指令表（STL）

网络 1
I0.0　I0.1　Q0.0
─┤ ├──┤ ├──( )
　　　　　　└─NOT─( ) Q0.1
 	
网络 2
I0.2　Q0.2
─┤ ├──( )
I0.3
─┤/├─
 	
网络 3
I0.4
─┤ ├──┤P├──(S) Q0.3
　　　　　　　　1
　　　　　　　( ) Q0.4
　　　─┤N├──(R) Q0.3
　　　　　　　　1
　　　　　　　( ) Q0.5
	网络 1　//要想激活 Q0.0，常开触点 I0.0 和 I0.1 必须为接通（闭合）
	　　　　//NOT 指令作为一个反向器使用
	　　　　//在 RUN 模式下，Q0.0 和 Q0.1 具有相反的逻辑状态
	LD　I0.0
	A　　I0.1
	＝　　Q0.0
	NOT
	＝　　Q0.1
	网络 2　//要想激活 Q0.2，常开触点 I0.2 必须为 on 或者常闭触点
	　　　　//I0.3 必须为 off
	　　　　//要想激活输出，梯形图并行分支（或逻辑输入）中应该有一
	　　　　//个或多个逻辑值为"1"
	LD　I0.2
	ON　I0.3
	＝　　Q0.2
	网络 3　//在 P 触点的一个上升沿或者在 N 触点的一个下降沿出现时，
	　　　　//一个扫描周期内输出一个脉冲
	　　　　//在 RUN 模式，Q0.4 和 Q0.5 的脉冲状态变化太快（仅维持一
	　　　　//个扫描周期），以至于在程序调试时，无法用状态图监视
	　　　　//置位和复位指令将 Q0.3 的状态变化锁存，即 P 触点的上升沿
	　　　　//脉冲使 Q0.3 置 1，该状态一直保持到 N 触点的下降沿到来之
	　　　　//前，使程序可以监视
	LD　I0.4
	LPS
	EU
	S　　Q0.3，1
	＝　　Q0.4
	LPP
	ED
	R　　Q0.3，1
	＝　　Q0.5

续表 2-3

梯形图（LAD）	指令表（STL）

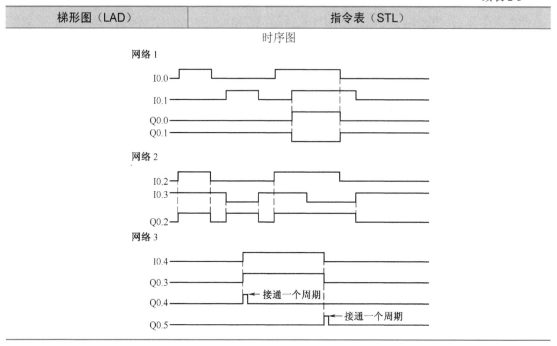

（2）线圈指令

线圈指令含线圈输出指令、立即输出指令及置位复位、立即置位复位指令等。线圈指令与置位指令的区别在于线圈的工作条件满足时，线圈有输出，条件失去时，输出停止。而置位具有保持功能，在某扫描周期中置位发生后，不经复位指令处理，输出将保持不变。如表 2-3 中的 Q0.3。

立即置位及立即复位是针对输出继电器的，可不受扫描周期的影响，将输出继电器立即置位或复位。线圈指令的类型、梯形图符号及使用说明见表 2-4。

表 2-4　线圈输出指令

指令名称及格式		梯形图符号	数据类型	操作数	指令功能
输出	＝	bit ——（　）	位：BOOL	I、Q、V、M、SM、S、T、C、L	将运算结果输出到某个继电器
立即输出	＝I	bit ——（　I　）	位：BOOL	Q	立即将运算结果输出到某个继电器
置位与复位	S	bit ——（　S　）N	位：BOOL N：BYTE	位：I、Q、V、M、SM、S、T、C、L N：IB、QB、VB、SMB、SB、LB、AC、*VD、*LD、*AC、常数	将从指定地址开始的 N 个点置位
	R	bit ——（　R　）N	位：BOOL N：BYTE	位：I、Q、V、M、SM、S、T、C、L N：IB、QB、VB、SMB、SB、LB、AC、*VD、*LD、*AC、常数	将从指定地址开始的 N 个点复位

续表 2-4

指令名称及格式		梯形图符号	数据类型	操作数	指令功能
立即置位与立即复位	SI	——(SI) bit N	位：BOOL N：BYTE	位：I、Q、V、M、SM、S、T、C、L N：IB、QB、VB、SMB、SB、LB、AC、*VD、*LD、*AC、常数	立即将从指定地址开始的 N 个点置位
	RI	——(RI) bit N	位：BOOL N：BYTE	位：I、Q、V、M、SM、S、T、C、L N：IB、QB、VB、SMB、SB、LB、AC、*VD、*LD、*AC、常数	立即将从指定地址开始的 N 个点复位

线圈指令运用示例见表 2-5。

表 2-5　线圈指令运用示例

梯形图（LAD）	指令表（STL）

网络 1
I0.0　Q0.0
—‖—( )
　　　Q0.1
　　—( )
　　　V0.0
　　—( )
 	
网络 2
I0.1　Q0.2
—‖—(S)
　　　6
 	
网络 3
I0.2　Q0.2
—‖—(R)
　　　6
 	
网络 4
I0.3　I0.4　Q1.0
—‖——‖—(S)
　　　　　8
　　　I0.5　Q1.0
　　—‖—(R)
　　　　　8
 	
网络 5
I0.6　Q10
—‖—( )
	网络 1　//输出指令为外部 I/O（I、Q）和内部存储
	　　　　　//器（M、SM、T、C、V、S、L）指定位值
	LD　　I0.0
	=　　　Q0.0
	=　　　Q0.1
	=　　　V0.0
	网络 2　//连续将一组共 6 位置为 1
	　　　　　//即 Q0.2、Q0.3、Q0.4、Q0.5、Q0.6、Q0.7 全部置 1
	　　　　　//Q0.2 指定起始地址，"6" 指定置位的个数
	LD　　I0.1
	S　　　Q0.2, 6
	网络 3　//连续将一组共 6 位置为 0
	　　　　　//Q0.2 指定起始地址，"6" 指定复位的个数
	LD　　I0.2
	R　　　Q0.2, 6
	网络 4　//置位和复位一组 8 个输出位（Q1.0～Q1.7）
	LD　　I0.3
	LPS
	A　　　I0.4
	S　　　Q1.0, 8
	LPP
	A　　　I0.5
	R　　　Q1.0, 8
	网络 5　//置位和复位指令实现锁存器功能
	　　　　　//完成置位/复位功能，必须确保这些位没有在其他指令中被
	　　　　　//在本例中，网络 4 置位和复位一组 8 个输出位
	　　　　　//（Q1.0～Q1.7）在 RUN 模式下网络 5 会覆盖 Q1.0 的值，
	　　　　　//详见时序图
	LD　　I0.6
	=　　　Q1.0

续表 2-5

梯形图（LAD）	指令表（STL）

时序图

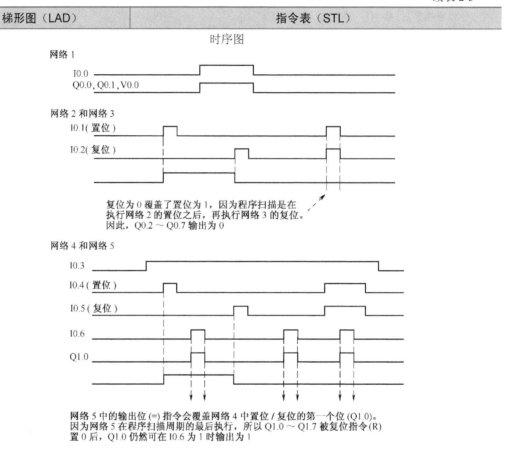

网络 1

I0.0

Q0.0, Q0.1, V0.0

网络 2 和网络 3

I0.1（置位）

I0.2（复位）

复位为 0 覆盖了置位为 1，因为程序扫描是在
执行网络 2 的置位之后，再执行网络 3 的复位。
因此，Q0.2 ~ Q0.7 输出为 0

网络 4 和网络 5

I0.3

I0.4（置位）

I0.5（复位）

I0.6

Q1.0

网络 5 中的输出位 (=) 指令会覆盖网络 4 中置位 / 复位的第一个位 (Q1.0)。
因为网络 5 在程序扫描周期的最后执行，所以 Q1.0 ~ Q1.7 被复位指令(R)
置 0 后，Q1.0 仍然可在 I0.6 为 1 时输出为 1

3. 块"与"及块"或"操作指令

绘制较复杂的梯形图逻辑电路图，虽然非常简单，但触点的串、并联关系不能全部用简单的与、或、非逻辑关系描述。语句表指令系统中设计了电路块的"与"操作和电路块的"或"操作指令。

电路块是指以 LD 为起始的触点串、并联网络。下面对这类指令加以说明。

（1）块"与"指令 ALD

将多触点电路块（一般是并联电路块）与前面的电路块串联，它不带元件号。ALD 指令相当于两个电路块之间的串联连线，该点也可以视为其右边的电路块的 LD 点。需要串联的电路块的起始触点使用 LD、LDN、LDI 或 LDNI 指令，完成了两个电路块的内部连接后，用 ALD 指令将前面已经连接好的两块电路串联。如表 2-6 所示的网络 1 中，I0.0 与 I0.3 是一个并联电路块，I0.1 与 I0.2 是另一个并联电路块，指令表中通过"ALD"将二者串联起来。

（2）块"或"指令 OLD

将多触点电路块（一般是串联电路块）与前面的电路块并联，不带元件号。OLD 指令相当于电路块之间右侧的一段垂直连线。需要并联的电路块的起始触点使用 LD、LDN、LDI 或 LDNI 指令，完成了电路块的内部连接后，用 OLD 指令将前面已经连接好的两块电路并联。如表 2-6 网络 2 中，Q0.0 与 I0.4 是一个串联电路块，M10.0 与 I0.7 是另一个串联电路块，指令表中通过"OLD"将二者并联起来。

块"与"指令 ALD 及块"或"指令 OLD 的运用示例见表 2-6。

表 2-6　ALD 及 OLD 指令运用示例

梯形图（LAD）	指令表（STL）
网络 1 I0.0　　I0.1　　　　Q0.0 ──┤├──┤/├────（ ） I0.3　　I0.2 ──┤├──┤├── Q0.0 ──┤├── 网络 2 Q0.0　　I0.4　　　　M10.0 ──┤/├──┤/├────（ ） M10.0　　I0.7 ──┤├──┤/├──	网络 1 LD　　I0.0　　//载入常开触点 I0.0 O　　 I0.3　　//与常开触点 I0.3 并联 LDN　 I0.1　　//载入常闭触点 I0.1 O　　 I0.2　　//与常开触点 I0.2 并联 ALD　　　　 //两块电路串联 O　　 Q0.0　　//与常开触点 Q0.0 并联 =　　 Q0.0　　//输出到 Q0.0 线圈 网络 2 LDN　 Q0.0　　//载入常闭触点 Q0.0 AN　　I0.4　　//与常闭触点 I0.4 串联 LD　　M10.0　//载入常开触点 M10.0 AN　　I0.7　　//与常闭触点 I0.7 串联 OLD　　　　 //两块电路并联 =　　 M10.0　//输出到 M10.0 线圈

4. RS 触发器指令

RS 触发器指令包括置位优先触发器指令（SR）和复位优先触发器指令（RS）。

置位优先触发器是一个置位优先的锁存器。当置位信号（S1）和复位信号（R）都为 1 时，输出为 1。复位优先触发器是一个复位优先的锁存器。当置位信号（S）和复位信号（R1）都为 1 时，输出为 0。Bit 参数用于指定被置位或者复位的位元件。

RS 触发器指令的梯形图符号及反映指令功能的真值表见表 2-7。梯形图符号采用指令盒形式，输入/输出端子数据类型及操作数范围见表 2-8。RS 触发器指令运用示例见表 2-9。

表 2-7　RS 触发器指令及其真值表

指令（SR）		S1	R	输出（Bit）
置位优先 触发器指令	bit ─┤S1　OUT├─ 　　 SR ─┤R	0	0	保持前一状态
		0	1	0
		1	0	1
		1	1	1
指令（RS）		S	R1	输出（Bit）
复位优先 触发器指令	bit ─┤S　OUT├─ 　　 RS ─┤R1	0	0	保持前一状态
		0	1	0
		1	0	1
		1	1	0

表 2-8 RS 触发器指令的有效操作数

输入/输出	数据类型	操作数
S1、R	BOOL	I、Q、V、M、SM、S、T、C、能流
S、R1、OUT	BOOL	I、Q、V、M、SM、S、T、C、L、能流
Bit	BOOL	I、Q、V、M、S

表 2-9 RS 触发器指令运用示例

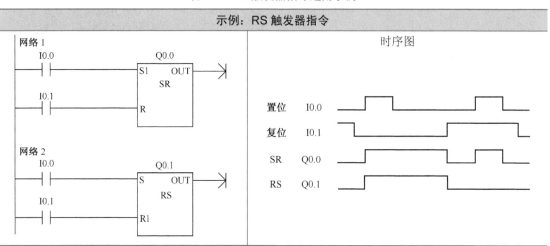

S7-200 系列 PLC 没有与 RS 触发器相对应的指令表程序, 通过 STEP7-Micro/Win 编程软件只能编辑梯形图程序。通过编译, 软件能自动生成与 RS 触发器相对应功能的指令表程序。以表 2-9 中网络 1 所示 RS 触发器梯形图指令为例, 其指令表格式为:

```
LD    I0.0
LD    I0.1
NOT
A     Q0.0
OLD
=     Q0.0
```

显然, 它们是由一组基本逻辑指令构成的, 分析不难发现, 该网络完全可用如图 2-2 所示的梯形图所取代。不过, 采用 RS 触发器的梯形图指令编程更为方便。即使是编辑图 2-2 所示的梯形图程序, 软件在编译时也会将其变成表 2-9 中 RS 触发器标准指令格式。

5. 编程注意事项

（1）双线圈输出

如果在同一个程序中, 同一元器件的线圈使用了两次或多次, 称为双线圈输出。对于输出继电器来说, 在扫描周期结束时, 真正输出的是最后一个 Q0.0 的线圈的状态 [见图 2-3（a）]。

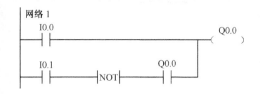

图 2-2 与 RS 触发器指令相同功能的梯形图指令

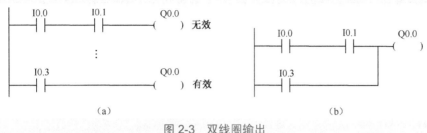

图 2-3　双线圈输出

Q0.0 的线圈的通断状态除了对外部负载起作用外，通过其触点，还可能对程序中其他元器件的状态产生影响。图 2-3（a）中两个 Q0.0 线圈所在的电路将梯形图划分为 3 个区域。因为 PLC 是循环执行程序的，如果两个线圈的通断状态相反，不同区域中 Q0.0 的触点的状态也是相反的，可能使程序运行异常。为避免因双线圈引起的输出继电器快速振荡的异常现象。可以将图 2-3（a）双线圈输出改为图 2-3（b）所示的形式。

（2）程序的优化设计

在设计并联电路时，应将单个触点的支路放在下面；设计串联电路时，应将单个触点放在右边，否则将多使用指令，影响 PLC 运行速度。在如图 2-4 所示的两种电路中，优化设计的梯形图可少用 4 条指令。

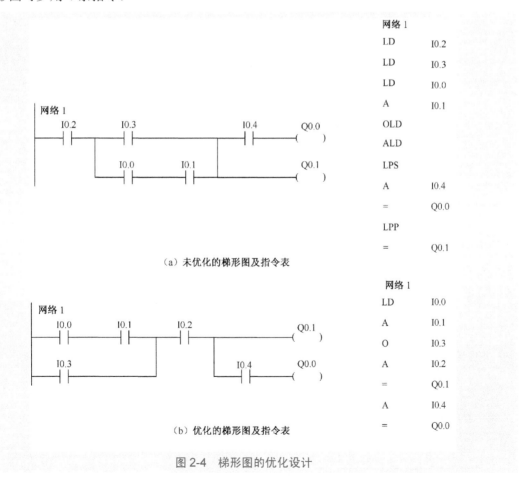

图 2-4　梯形图的优化设计

建议在有输出线圈的并联电路中，将单个线圈放在上面，如将图 2-4（a）的电路改为图 2-4（b）的电路，可以避免使用推入栈指令 LPS 和出栈指令 LPP。

（3）编程元件的位置

输出类元件（例如输出指令"="、置位指令"S"、复位指令"R"等和大多数功能指令）应放在梯形图的最右边，不能直接与左侧母线相连。

▶▶▶ **操作指导**

1．画出接线图，安装电路

根据任务要求，采用 S7-200 CPU224 AC/DC/RLY 型 PLC，抢答题 I/O 接线图如图 2-5 所示。

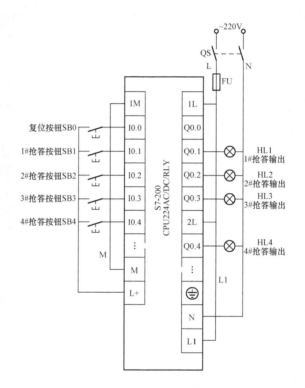

图 2-5　抢答器 I/O 接线图

输入输出继电器的地址分配见表 2-10。

表 2-10　输入输出继电器的地址分配表

编程元件	I/O 端子	电路器件	作　　用
输入继电器	I0.0	SB0	复位按钮
	I0.1	SB1	1#抢答按钮
	I0.2	SB2	2#抢答按钮
	I0.3	SB3	3#抢答按钮
	I0.4	SB4	4#抢答按钮

编程元件	I/O 端子	电路器件	作　用
输出继电器	Q0.1	HL1	1#输出指示
	Q0.2	HL2	2#输出指示
	Q0.3	HL3	3#输出指示
	Q0.4	HL4	4#输出指示

在教师指导下，按图 2-5 抢答器 I/O 接线图完成电路的硬件接线。在满足一般电气安装基本要求外，还应注意以下几点。

（1）所有导线两端必须安装号码管，其编号除注明外一律采用 PLC 输入/输出端子号。1M 及 M 间的连接线采用"M"进行编号。号码管安装完成后，字头应统一朝左或上。

（2）参见附录二，分析 CPU224 DC/AC/RLY 输出端子分组情情况（与 CPU224XP DC/AC/RLY 相似），电源进线 L1 要与第 1 组输出公共端 1L 和第 2 组输出公共端 2L 相连，连接线采用"L1"进行编号。

（3）输入按钮及输出指示灯按布局图安装在按钮安装支架上，并通过连接电缆与主板接线端子相连。连接电缆应采用尼龙绕线管进行保护。

（4）为保证接线安全可靠，所有元器件接线端子上，只允许安装最多两根导线，当电气接点上导线较多时，可采用串联的方法进行连接。

（5）系统工作电源通过单相电源插头线，接至 TX 后再接入小型断路器 QS 进线端。

2．自检

检查布线。对照接线图检查是否掉线、错线，是否漏编、错编，接线是否牢固等。

3．编辑控制程序

在装有 STEP7-Micro/WIN V4.0 SP6 编程软件的计算机上，编辑 PLC 控制程序并编译后保存为"*.mwp"文件备用。抢答器控制参考梯形图及指令表程序，如图 2-6 所示。

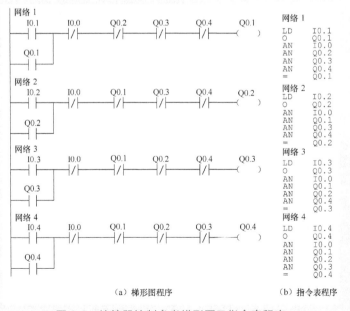

（a）梯形图程序　　　　（b）指令表程序

图 2-6　抢答器控制参考梯形图及指令表程序

4．程序下载

（1）在 PLC 断电状态下，用 USB/ PPI 电缆连接计算机与 S7-200 CPU224 AC/DC/RLY 型 PLC。

（2）合上控制电源开关 QS，将运行模式选择开关拨到 STOP 位置，通过软件将编制好的控制程序下载到 PLC。

注意：一定要在断开 QS 的情况下插拔适配电缆，否则极易损坏 PLC 通信接口。

5．运行抢答器控制程序

（1）将运行模式选择开关拨到 RUN 位置，使 PLC 进入运行方式。

（2）根据任务分析要求，按下 SB0、SB1、SB2 等按钮，观察 PLC 上输入、输出指示灯的工作状态及 HL1～HL4 工作情况。满足控制要求即表明程序运行正常。

▶▶▶ 课后思考

（1）PLC 梯形图程序中的网络是什么？

（2）CPU224 DC/AC/RLY 型 PLC，其输入端子和输出端子是如何分组的？如果被控电器需要采用不同的供电电源，PLC 输出电路应怎样接线？

任务二　双定时器 PLC 闪光控制电路

▶▶▶ 任务目标

（1）学习 S7-200 系列 PLC 的定时器指令。

（2）掌握使用定时器指令进行编程的基本方法。

（3）了解各种定时器的性能特点，并根据控制要求正确选用。

▶▶▶ 任务分析

闪光控制是广泛应用的一种实用控制程序，既可以控制灯光的闪烁频率，又可以控制灯光的通断时间比。同样的程序也可控制其他负载，如电铃、蜂鸣器等。图 2-7 所示是 PLC 闪光控制电路硬件布局图，要求接通电

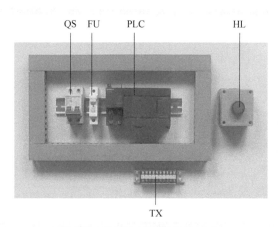

图 2-7　PLC 闪光控制硬件布局

源开关 QS 使 PLC 上电后，电路即自动工作，彩灯点亮 5s，熄灭 3s，再亮 5s，熄灭 3s。

▶▶▶ 相关知识

一、定时器指令工作方式及指令格式

S7-200 系列 PLC 的定时器为增量型定时器，用于实现时间控制，可以按照工作方式和时

间基准（时基）分类，时间基准又称为定时精度和分辨率。

1. 工作方式

按照工作方式，定时器可分为通电延时型（TON）、有记忆的通电延时型又称保持型（TONR）、断电延时型（TOF）3 种类型。

2. 时基标准

按照时基标准，定时器可分为 1ms、10ms、100ms 等 3 种类型，不同的时基标准，定时精度、定时范围和定时器的刷新方式不同。

（1）定时精度

定时器的工作原理是定时器使能输入有效后，当前值寄存器对 PLC 内部的时基脉冲增 1 计数，最小计时单位为时基脉冲的宽度。故时间基准代表着定时器的定时精度，又称分辨率。

（2）定时范围

定时器使能输入有效后，当前值寄存器对时基脉冲递增计数，当计数值大于或等于定时器的预置值后，状态位 T-bit 置 1。从定时器输入有效，到状态位输出有效经过的时间为定时时间。定时时间 T 等于时基乘预置值，时基越大，定时时间越长，但分辨率越低。

（3）定时器的刷新方式

1ms 定时器每隔 1ms 刷新一次，定时器刷新与扫描周期和程序处理无关。扫描周期较长时，定时器一个周期内可能多次被刷新（多次改变当前值）。

10ms 定时器在每个扫描周期开始时刷新。每个扫描周期之内，当前值不变（如果定时器的输出与复位操作时间间隔很短，调节定时器指令盒与输出触点在网络段中位置是必要的）。

100ms 定时器是定时器指令执行时被刷新，下一条执行的指令即可使用刷新后的结果，非常符合正常思维，使用方便可靠。但应当注意，如果该定时器的指令不是每个周期都执行（比如条件跳转时），定时器就不能及时刷新，可能会导致出错。

CPU 22X 系列 PLC 的 256 个定时器分属 TON（TOF）和 TONR 工作方式，以及 3 种时基标准，TOF 与 TON 共享同一组定时器，定时器号不能重复使用。详细分类方法及定时范围见表 2-11。

表 2-11　定时器号和分辨率

定时器类型	用毫秒（ms）表示的分辨率	用秒（s）表示的最大值	定时器号
TONR 有记忆的接通 延时型	1ms	32.767s	T0,T64
	10ms	327.67s	T1～T4，T65～T68
	100ms	3276.7s	T5～T31，T69～T95
TON 接通延时型 TOF 断开延时型	1ms	32.767s	T32,T96
	10ms	327.67s	T33～T36，T97～T100
	100ms	3276.7s	T37～T63，T101～T255

使用定时器时应参照表 2-11 中时基标准和工作方式合理选择定时器编号，同时要考虑刷新方式对程序执行的影响。

3. 定时器指令格式

定时器指令格式见表 2-12。指令盒左下侧"？？？？"表示编程时预置值 PT；指令盒中"？？？？～"表示时基的大小。当选用不同的定时器号后，该处会自动显示 1ms、10ms 及 100～（ms）字样。

表 2-12 定时器指令格式

定时器类型		接通延时定时器	有记忆的接通延时定时器	断开延时定时器
指令的表达形式	指令表	TON T××,PT	TONR T××,PT	TOF T××,PT
	梯形图	T×× IN TON ????–PT ???~	T×× IN TONR ????–PT ???~	T×× IN TOF ????–PT ???~
操作数的范围及类型		T××:（WORD）常数 T0～T255 IN:（BOOL）I,Q,V,M,SM,S,T,C,L,能流 PT:（INT）IW,QW,VW,MW,SMW,T,C,LW,AC,AIW,*VD,*LD,*AC,常数		

IN 是使能输入端，编程范围 T0～T255；PT 是预置值输入端，最大预置值为 32 767；PT 的数据类型为 INT（整数）。

二、定时器工作原理分析

下面从原理、应用等方面，分别叙述通电延时型（TON）、有记忆通电延时型（TONR）、断电延时型（TOF）等 3 种类型定时器的使用方法。

1. 通电延时型（TON）

使能端（IN）输入有效时，定时器开始计时，当前值从 0 开始递增，大于或等于预置值（PT）时，定时器输出状态位 T-bit 置 1（输出触点有效），当前值的最大值为 32767。使能端无效（断开）时，定时器复位（当前值清零，输出状态位置 0）。

通电延时型定时器应用程序示例见表 2-13，程序运行结果见时序分析。

表 2-13 通电延时定时器应用示例

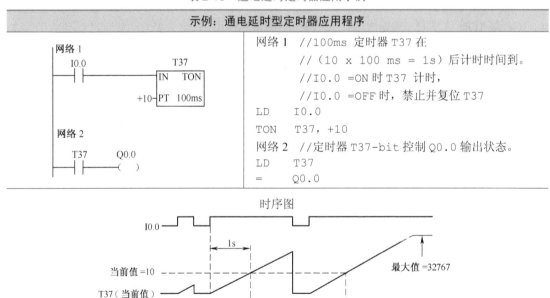

示例：通电延时型定时器应用程序

网络 1   //100ms 定时器 T37 在
        //（10 x 100 ms = 1s）后计时时间到。
        //I0.0 =ON 时 T37 计时，
        //I0.0 =OFF 时，禁止并复位 T37
LD   I0.0
TON   T37, +10
网络 2   //定时器 T37-bit 控制 Q0.0 输出状态。
LD   T37
=   Q0.0

时序图

2. 有记忆通电延时型（TONR）

使能端（IN）输入有效时（接通），定时器开始计时，当前值递增，当前值大于或等于预置值（PT）时，输出状态位置 1。使能端输入无效（断开）时，当前值保持（记忆），使能端（IN）再次接通有效时，在原记忆值的基础上递增计时。有记忆通电延时型（TONR）定时器采用线圈的复位指令（R）进行复位操作，当复位线圈有效时，定时器当前值清零，输出状态位置 0。

有记忆通电延时型定时器应用程序示例见表 2-14，程序运行结果见时序分析。

表 2-14 有记忆通电延时定时器应用示例

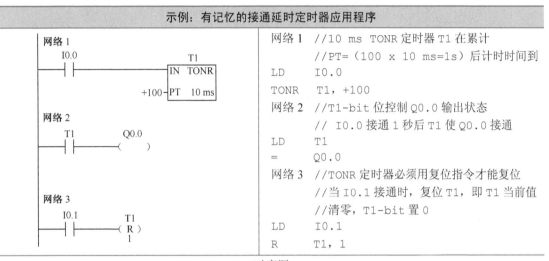

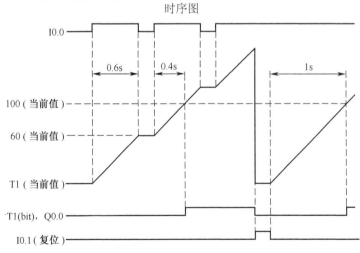

3. 断电延时型（TOF）

使能端（IN）输入有效时，定时器输出状态位立即置 1，当前值复位（为 0）。使能端（IN）断开时，开始计时，当前值从 0 递增，当前值达到预置值时，定时器状态位复位（置 0），并停止计时，当前值保持。该指令通常用于电动机停车后的延时冷却等场合。

断开延时型定时器应用程序示例见表 2-15，程序运行结果见时序分析。

表 2-15　断开延时定时器应用示例

示例：断开延时定时器应用程序	

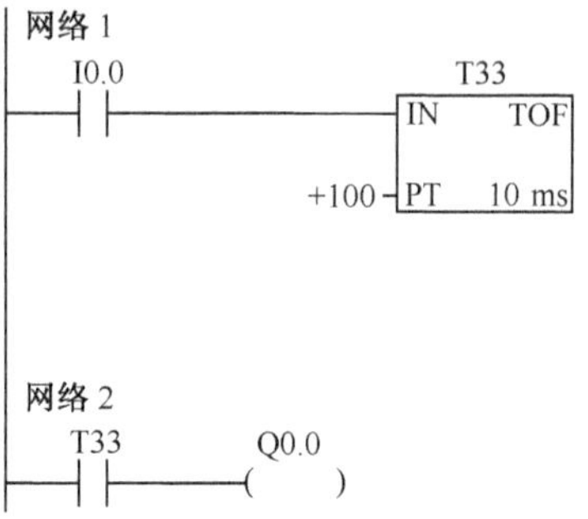 网络 1
　　I0.0　　　　　　　　T33
　　┤├─────────┤IN　　TOF│
　　　　　　+100─┤PT　　10 ms│
 	
网络 2
　　T33　　　Q0.0
　　┤├──────( )─
	网络 1　//10ms 定时器 T33 在 1s 后计时时间到
	　　　　　　//I0.0 关断，T33 开始计时
	　　　　　　//I0.0 接通 T33 复位
	LD　　I0.0
	TOF　　T33，+100
	网络 2　//定时器 T33 用其输出位控制 Q0.0
	LD　　T33
	=　　　Q0.0

时序图	

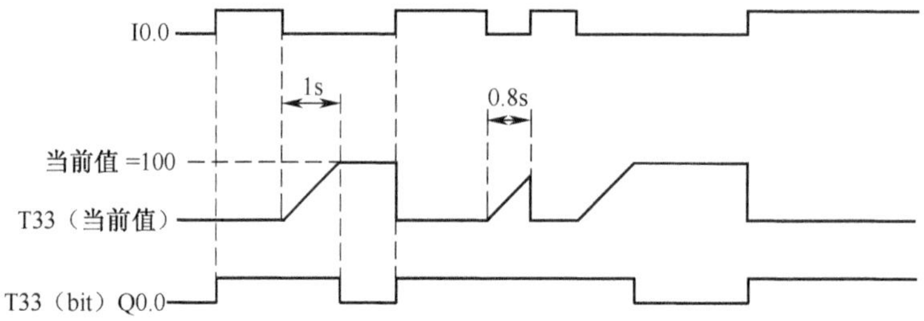

时序图内容（I0.0、当前值=100、T33（当前值）、T33（bit）Q0.0，标注 1s、0.8s）

分析以上 3 种定时器指令的操作功能，可见各操作数之间的相互关系见表 2-16。

表 2-16　定时器指令的操作数

定时器类型	当前值>=预设值	使能输入（IN）的状态
TON	定时器位 ON， 当前值连续计数到 32767	ON：当前值计数时间 OFF：定时器位 OFF，当前值=0
TONR	定时器位 ON， 当前值连续计数到 32767	ON：当前值计数时间 OFF：定时器位和当前值保持最后状态
TOF	定时器位 OFF， 当前值=预设值，停止计时	ON：定时器位 ON，当前值=0 OFF：发生 ON 到 OFF 的跳变之后，定时器计时

▶▶▶ 操作指导

1．画出接线图，安装电路

根据任务要求，采用 S7-200 CPU224 AC/DC/RLY 型 PLC，闪光控制电路 I/O 接线如图 2-8 所示。

在教师指导下，按图 2-8 所示的闪光控制电路 I/O 接线图完成电路的硬件接线。在满足一般电气安装基本要求外，还应注意以下几点。

（1）由于系统要求 PLC 上电后即能自动进入工作状态，所以无任何输入控制元件，这是 PLC 的一种典型工作方式。

（2）输出指示灯采用螺口节能灯，其灯座直接安装在安装板上。其他要求同前。

2．自检

检查布线。对照接线图检查是否掉线、错线，导线号是否漏编、错编，接线是否牢固等。

3．编辑控制程序

在装有 STEP7-Micro/WIN V4.0 SP6 编程软件的计算机上，编辑 PLC 控制程序并编译后保存为"*.mwp"文件备用。闪光控制电路梯形图程序如图 2-9 所示，指令表程序如图 2-10 所示。

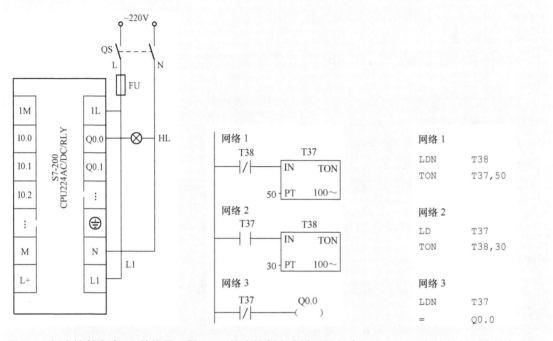

图 2-8　闪光控制电路 I/O 接线图　图 2-9　闪光控制电路梯形图程序　图 2-10　闪光控制电路指令表程序

编程元件的地址分配介绍如下。

（1）输入输出继电器的地址分配见表 2-17

表 2-17　输入输出继电器的地址分配表

编程元件	I/O 端子	电路器件/型号	作　　用
输入继电器	无输入控制		
输出继电器	Q0.0	3W 螺口节能灯泡	输出彩灯

（2）其他编程元件的地址分配见表 2-18

表 2-18　其他编程元件的地址分配

编程元件	编程地址	预置值	作　　用
定时器	T37	50	点亮时间
（100ms）	T38	30	熄灭时间

简要说明：PLC 闪光控制电路是用两个内部编程元件（定时器 T37 和 T38）来实现的。在图 2-10 所示的闪光控制梯形图程序中，PLC 接通电源后，定时器 T37 计时开始。其

动断触点（T37-bit）使输出线圈 Q0.0 得电，彩灯亮。5s 后，该动断触点断开，Q0.0 的线圈失电（灯灭）。其动合触点接通 T38 输入端，T38 计时开始。经过 3s 后，T38 的动断触点断开 T37 的输入，使 T37 复位，T37 的动合触点断开 T38 的输入，T38 也被复位。T37 的动断触点再次接通 Q0.0，彩灯亮，T38 的动断触点又接通 T37 的输入。这样，输出 Q0.0 所接的负载灯，以接通 5s、断开 3s 的规律不停地闪烁，直到断开电源为止。若要想改变闪光电路的频率，只需改变两个定时器的时间预置值即可。

4．程序下载

（1）在 PLC 断电状态下，用 USB/ PPI 电缆连接计算机与 S7-200 CPU224 AC/DC/RLY 型 PLC。

（2）合上控制电源开关 QS，将运行模式选择开关拨到 STOP 位置，通过软件将编制好的控制程序下载到 PLC。

注意：一定要在断开 QS 的情况下插拔适配电缆，否则极易损坏 PLC 通信接口。

5．运行抢答器控制程序

（1）将运行模式选择开关拨到 RUN 位置，使 PLC 进入运行方式。

（2）观察彩灯是否立即点亮。且按亮 5s、灭 3s 的规律不停闪烁。

（3）调整 T37 时间预设值为 20，T38 时间预设值为 10，观察彩灯闪光变化情况。

▶▶▶ 课后思考

（1）查阅附录中有关技术指标，说明 CPU224 DC/AC/RLY 型 PLC 输出端口能接多大功率的负载。

（2）如果只需要做一个亮 0.5s、熄 0.5s 的闪光控制电路，程序设计是否可简化？

任务三　用计数器实现长定时控制

▶▶▶ 任务目标

（1）学习 S7-200 系列 PLC 的计数器指令。

（2）掌握使用计数器指令进行编程的基本方法。

（3）掌握任意时间脉冲产生电路的编程技巧。

（4）学会通过改变定时器或计数器预置值进行用户程序快速调式的方法。

▶▶▶ 任务分析

PLC 提供的定时器其定时时间较短，如果需要长时间定时，通常采用定时器和计数器配合的方式，把需要定时的时间分成若干时间块来实现。

计数器长定时控制通过 CPU224 型 PLC 来实现控制。其硬件组成及布局如图 2-11 所示。转换开关 SA 与 PLC 的输入端子 I0.0 相连，闭合时定时开始。按钮 SB 与输入端子 I0.1 相连，按下则定时时间清零。控制要求：合上 SA，630min 后点亮与 Q0.0 相连的输出指示灯 HL。

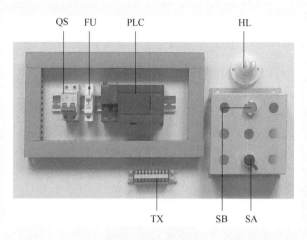

图 2-11　计数器长定时控制硬件安装布局图

▶▶▶ **相关知识**

一、计数器指令格式

计数器利用输入脉冲上升沿累计脉冲个数，S7-200 系列 PLC 有递增（加）计数（CTU）、增/减计数（CTUD）、递减计数（CTD）等 3 类计数指令。计数器的使用方法和基本结构与定时器基本相同，主要由预置值寄存器、当前值寄存器、状态位等组成。

计数器的梯形图指令符号为指令盒形式，指令格式见表 2-19。

表 2-19　计数器指令格式

计数器类型		增计数（CTU）	减计数（CTD）	增/减计数 （CTUD）
指令的表达形式	指令表	CTU C××,PV	CTD C××,PV	CTUD C××,PV
	梯形图	C×× CU　CTU R ????－PV	C×× CD　CTD LD ????－PV	C×× CU　CTUD CD R ????－PV
操作数的范围及类型		C××:（WORD）常数 T0～T255 CU、CD、LD、R:（BOOL）I,Q,V,M,SM,S,T,C,L,能流 PT:（INT）IW,QW,VW,MW, SMW,T,C,SW,LW,AC,AIW,*VD,*LD,*AC,常数			

梯形图指令符号中：CU——增 1 计数脉冲输入端；CD——减 1 计数脉冲输入端；R——复位脉冲输入端；LD——减计数器的复位脉冲输入端。编程范围 C0～C255；PV 预置值最大范围 32 767；PV 数据类型：INT（整数）。

二、计数器工作原理分析

下面从原理、应用等方面，分别叙述增计数指令（CTU）、增/减计数指令（CTUD）、减计数指令（CTD）等 3 种类型计数指令的应用方法。

1. 增计数指令（CTU）

增计数指令在 CU 端输入脉冲上升沿，计数器的当前值增 1 计数。当前值大于或等于预置值（PV）时，计数器状态位（C-bit）置 1。当前值累加的最大值为 32767。复位输入（R）有效时，计数器状态位复位（置 0），当前计数值清零。增计数指令的应用可参考表 2-20 中的示例程序理解。

2. 增/减计数指令（CTUD）

增/减计数器有两个脉冲输入端，其中 CU 端用于递增计数，CD 端用于递减计数，执行增/减计数指令时，CU/CD 端的计数脉冲上升沿增 1/减 1 计数。当前值大于或等于计数器预置值（PV）时，计数器状态位置位。复位输入（R）有效或执行复位指令时，计数器状态位复位，当前值清零。达到计数器最大值 32767 后，下一个 CU 输入上升沿将使计数值变为最小值（-32768）。同样，达到最小值（-32768）后，下一个 CD 输入上升沿将使计数值变为最大值（32767）。

增/减计数指令应用程序示例见表 2-20，程序运行结果见时序分析。

表 2-20　增/减计数指令应用示例

示例：增/减计数指令应用程序

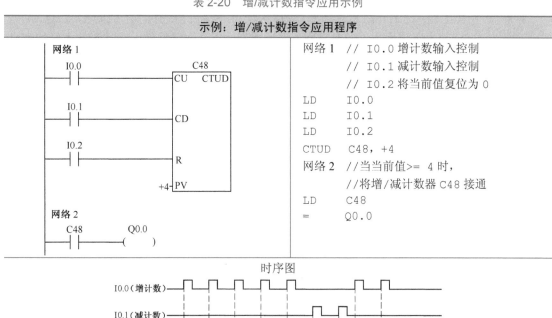

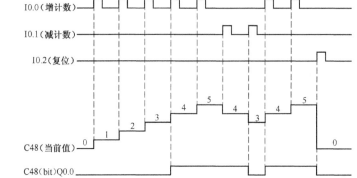

时序图

3．减计数指令（CTD）

复位输入（LD）有效时，计数器把预置值（PV）装入当前值存储器，计数器状态位复位（置 0）。CD 端每一个输入脉冲上升沿，减计数器的当前值从预置值开始递减计数，当前值等于 0 时，计数器状态位置位（置 1），停止计数。

减计数指令应用程序示例见表 2-21。

表 2-21　减计数指令应用示例

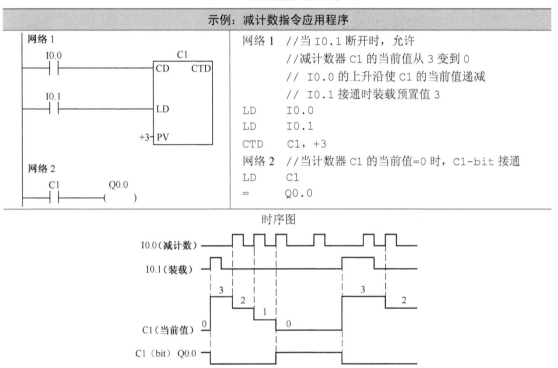

程序运行分析：减计数器在计数脉冲 I0.0 的上升沿减 1 计数，当前值从预置值开始减至 0 时，计数器输出状态位 C-bit 置 1，Q0.0 通电（置 1）。在复位（装载）脉冲 I0.1 的上升沿，计数器状态位置 0（复位），当前值等于预置值，为下次计数工作做好准备。

▶▶▶ 操作指导

1．画出接线图，安装电路

根据任务要求，采用 S7-200 CPU224 AC/DC/RLY 型 PLC，计数器长定时控制电路 I/O 接线如图 2-12 所示。

在教师指导下，按图 2-12 所示的计数器长定时控制电路 I/O 接线图完成电路的硬件接线。在满足一般电气安装基本要求外，还应注意以下几点。

（1）输入按钮、开关及输出指示灯按布局图安装在按钮安装支架上，并通过连接电缆与主板接线端子相连。连接电缆应采用尼龙绕线管进行保护。

（2）为保证接线安全可靠，所有元器件接线端子上，只允许安装最多两根导线，当电气接点上导线较多时，可采用串联的方法进行连接。

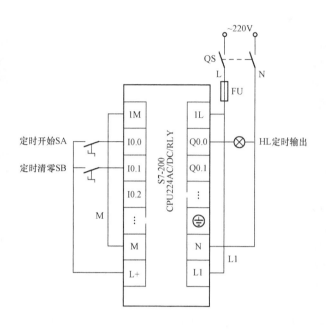

图 2-12　计数器长定时控制电路 I/O 接线图

（3）系统工作电源通过单相电源插头线，接至 TX 后再接入小型断路器 QS 进线端。其他要求同前。

2．自检

检查布线。对照接线图检查是否掉线、错线，是否漏编、错编，接线是否牢固等。

3．编辑控制程序

在装有 STEP7-Micro/WIN V4.0 SP6 编程软件的计算机上，编辑 PLC 控制程序并编译后保存为"*.mwp"文件备用。计数器长定时控制电路梯形图程序如图 2-13（a）所示，指令表程序如图 2-13（b）所示。

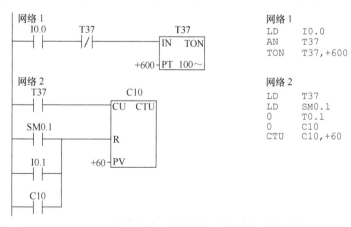

图 2-13　计数器长定时控制电路程序

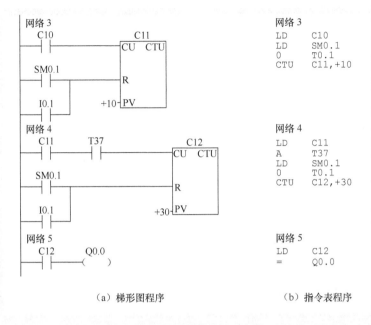

（a）梯形图程序　　　　　　（b）指令表程序

图 2-13　计数器长定时控制电路程序（续）

编程元件的地址分配如下。

（1）输入输出继电器的地址分配见表 2-22

表 2-22　输入输出继电器的地址分配表

编程元件	I/O 端子	电路器件/型号	作　　用
输入继电器	I0.0	NP2-BD21	定时开始控制
	I0.1	NP2-BA31	定时清零按钮
输出继电器	Q0.0	3W/220V 螺口节能灯	输出指示灯

（2）其他编程元件的地址分配见表 2-23

表 2-23　其他编程元件的地址分配

编程元件	编程地址	预置值	作　　用
定时器（100ms）	T37	600	1min 计数脉冲宽度设定
计数器	C10	60	60min（1h）计数脉冲宽度设定
	C11	10	600min 定时控制
	C12	30	（600+30）min 定时控制

简要说明：计数器长定时控制电路，采用 PLC 内部编程元件定时器 T37 和计数器 C10、C11、C12 配合实现。

在图 2-13 所示的计数器长定时控制梯形图程序中，网络 1 是一个典型的任意周期脉冲形成电路。每当计时时间达到设定值时，T37 的动断触点（T37-bit）将断开一个 PLC 扫描周期，从而使 T37 复位。T37 的动合触点则输出一个宽度为 PLC 扫描周期的针状脉冲，作为计数器 C10 及 C12 的输入计数脉冲。

网络 2 构成周期为 1h 的脉冲形成电路。C10 的动合触点每小时输出一个宽度为 PLC 扫描周期的针状脉冲，该脉冲使 C10 复位并作为计数器 C11 的输入计数脉冲。

网络 3 为 10h（600min）定时控制。

网络 4 为 600min+30min 定时控制电路。

网络 5 为输出控制，即 630min 定时时间到，输出线圈 Q0.0 得电，输出指示灯亮。

4．程序下载

（1）在 PLC 断电状态下，用 USB/ PPI 电缆连接计算机与 S7-200 CPU224 AC/DC/RLY 型 PLC。

（2）合上控制电源开关 QS，将运行模式选择开关拨到 STOP 位置，通过软件将编制好的控制程序下载到 PLC。

注意：一定要在断开 QS 的情况下插拔适配电缆，否则极易损坏 PLC 通信接口。

5．运行计数器长定时控制程序

（1）将运行模式选择开关拨到 TERM 位置（参见附录二），使 PLC 进入暂态方式。

（2）为了快速调式程序，在编程电脑与 PLC 联机状态下，调整 T37 时间预设值 PV=5。

（3）通过电脑使 PLC 进入 RUN 状态，合上转换开关 SA，观察指示灯 HL 能否在 315s 后点亮。

（4）通过电脑将 T37 时间预设值重新调整为 PV=600，试运行程序。

 课后思考

（1）在图 2-13 所示的计数器长定时控制程序中，如果需要将定时开灯改为定时关灯，程序应作怎样修改？

（2）单个定时器最长定时时间是多少？如果仅用定时器完成 630min 定时控制，需要多少个定时器？如何编程？

项目评价

考核项目	考核要求	配分	评分标准	（按任务）评分		
				一	二	三
元件安装	① 合理布置元件； ② 会正确固定元件	10	① 元件布置不合理每处扣 3 分； ② 元件安装不牢固每处扣 5 分； ③ 损坏元件每处扣 5 分			
线路安装	① 根据控制任务做 I/O 分配； ② 画出 PLC 控制 I/O 连接图； ③ 按图施工； ④ 布线合理、接线美观； ⑤ 布线规范、无线头松动、压皮、露铜及损伤绝缘层	40	① I/O 点分配不全或不正确每处扣 2 分； ② 接线图表达不正确每处扣 2 分； ③ 接线不正确扣 30 分； ④ 布线不合理、不美观每根扣 3 分； ⑤ 走线不横平竖直每根扣 3 分； ⑥ 线头松动、压皮、露铜及损伤绝缘层每处扣 5 分			

续表

考核项目	考核要求	配分	评分标准	（按任务）评分		
				一	二	三
编程下载	① 正确画出功能图并转换成梯形图； ② 正确输入梯形图或指令表； ③ 会转换梯形图； ④ 正确保存文件； ⑤ 会传送程序	30	① 不能设计程序或设计错误扣6分； ② 输入梯形图或指令表错误每处扣2分； ③ 转换梯形图错误扣4分； ④ 保存文件错误扣4分； ⑤ 传送程序错误扣4分			
通电试车	按照要求和步骤正确检查、调试电路	20	通电调试不成功每次扣5分			
安全生产	自觉遵守安全文明生产规程	—	发生安全事故，0分处理			
时间	4h	—	提前正确完成，每10min加5分； 超过定额时间，每5min扣2分			
综合成绩（此栏由指导教师填写）						

习　题

1. 梯形图和指令表是 S7-200 系列 PLC 采用的两种最常见的编程语言，学会这两种编程语言的相互转换，能有效地帮助我们更好地掌握和理解 S7-200 系列 PLC 的指令系统，并为进一步学习 PLC 控制系统应用程序的编制打下基础。

（1）根据图 2-14（a）及图 2-14（b）所示的梯形图程序，分别写出其对应的指令表。

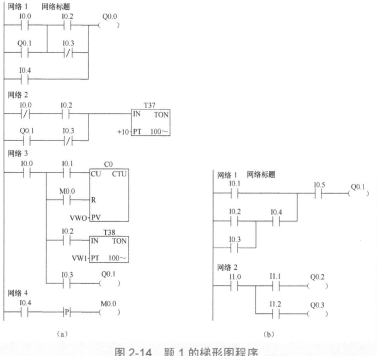

（a）　　　　　　　　　　　　　　（b）

图 2-14　题 1 的梯形图程序

（2）根据指令表绘出下列程序的梯形图：

① LD I0.0
   O   I1.2
   AN I1.3
   O   M10.0
   LD Q1.2
   A   I0.5
   O   M100.2
   ALD
   ON M10.3
   =   Q1.0

② LD I0.3
   A   I0.5
   LD I0.3
   AN I0.2
   OLD
   LD M10.2
   A   Q0.3
   LD I1.0
   AN Q1.3
   OLD
   ALD
   LD M100.3
   A   M10.5
   OLD
   A   M10.2
   =   Q0.0

2．定时器及计数器是 PLC 运用程序中使用频率较高的内部编程元件，每个定时器或计数器都有 3 个存储区，即：

预置值存储区：存储 16bit 定时时间预置值 PT 及计数预置值 PV；

当前值存储区：存储 16bit 计时及计数当前值；

位存储区：定时器位 T-bit 按照当前值和预置值的结果置位或复位，计数器位 C-bit 按照当前值和预置值的结果置位或复位。

请思考以下各题并将正确的结果填入空白处。

（1）接通延时定时器（TON）的输入（IN）电路_____时开始定时，当前值大于等于设定值时其定时器位变为_____，其常开触点_____，常闭触点_____。

（2）接通延时定时器（TON）的输入（IN）电路_____时被复位，复位后其常开触点_____，常闭触点_____，当前值等于_____。

（3）若加计数器的计数输入电路（CU）_____、复位输入电路（R）_____，计数器的当前值加 1。当前值大于等于设定值（PV）时，其常开触点_____，常闭触点_____。复位输入电路_____时，计数器被复位，复位后其常开触点_____，常闭触点_____，当前值为_____。

3．使用置位、复位指令，编写两套电动机（两台）的控制程序，两套程序控制要求如下。

（1）启动时，电动机 M1 先启动，才能启动电动机 M2，停止时，电动机 M1、M2 同时停止。

（2）启动时，电动机 M1、M2 同时启动，停止时，只有在电动机 M2 停止时，电动机 M1 才能停止。

4．设计周期为 5s，占空比为 20%（输出 1s、停 4s）的方波输出信号程序（输出点可以使用 Q0.0）。

5．编写断电延时 5s 后，M0.0 置位的程序。

项目三

三相异步电动机全压启动控制

项目情境

三相异步电动机全压启动就是启动时加在电动机定子绕组上的电压为额定电压，也称直接启动。

三相异步电动机具有结构简单、运行可靠、坚固耐用、价格便宜、维修方便等一系列优点。与同容量的直流电动机相比，异步电动机还具有体积小、质量轻、转动惯量小的特点。因此，在工矿企业中异步电动机得到了广泛的应用。在变压器容量允许的情况下，三相异步电动机应该尽可能采用全电压直接启动，既可以提高控制线路的可靠性，又可以减少电器的维修工作量。

项目实施节奏

本项目是学习 PLC 控制技术的重点内容，实施前可组织学生现场观察三相异步电动机各种全压启动控制电路的外形结构，分析其工作过程。要求学生总结点动与连续控制电路的应用场合；观察两台以上电动机的顺序启动过程；分析电动机正反转的控制方法。

教师根据学生掌握电气及 PLC 基本技能的熟练程度，结合器材准备情况，将全班同学按项目任务分成相应的 3 个大组，每个大组包含若干个学习小组，各小组成员以 2～3 名为宜。除相关知识讲授及集中点评外，3 个学习任务可分散同步进行。建议完成时间为 18 学时。

任 务	相关知识讲授	分组操作训练	教师集中点评
一	1h	4.5h	0.5h
二	1h	4.5h	0.5h
三	1h	4.5h	0.5h

项目所需器材

学习所需的全部工具、设备见表 3-1。根据所选学习任务的不同，各小组领用器材略有区别，详见表中备注。

表 3-1 工具、设备清单

序号	分类	名　称	型号规格	数量	单位	备注
1	任务一设备	PLC	S7-200 CPU224 AC/DC/RLY	1	台	
2		编程电缆	PC/PPI 或 USB/PC/PPI	1	根	
3		小型断路器	DZ47-63 D10/4P	1	只	
4		熔断器	RT18-32/6A	3	套	
5		熔断器	RT18-32/2A	1	套	
6		交流接触器	CJX2-1210,220V	1	台	
7		热继电器	NR2-11.5 1.6~2.5A	1	台	
8		按钮	LA4-3H	1	只	
9		三相异步电动机	0.75kW 380V/△形连接	1	台	
10	任务二设备	PLC	S7-200 CPU224 AC/DC/RLY	1	台	
11		编程电缆	PC/PPI 或 USB/PC/PPI	1	根	
12		小型断路器	DZ47-63 D10/4P	1	只	
13		熔断器	RT18-32/10A	3	套	
14		熔断器	RT18-32/2A	1	套	
15		交流接触器	CJX2-1210,220V	2	台	
16		热继电器	NR2-11.5 1.6~2.5A	2	台	
17		按钮	LA4-2H	1	只	
18		三相异步电动机	0.75kW 380V/△形连接	2	台	
19	任务三设备	PLC	S7-200 CPU224 AC/DC/RLY	1	台	
20		编程电缆	PC/PPI 或 USB/PC/PPI	1	根	
21		小型断路器	DZ47-63 C10/4P	1	只	
22		熔断器	RT18-32/6A	3	套	
23		熔断器	RT18-32/2A	1	套	
24		交流接触器	CJX2-1201,220V	2	台	
25		热继电器	JRS2-11.5 1.6~2.5A	1	台	
26		按钮	LA4-3H	1	只	
27		三相异步电动机	0.75kW 380V/△形连接	1	台	
28	工具及辅材	编程计算机	配备相应软件	1	台	工具及辅材适用于所有学习任务
29		常用电工工具	—	1	套	
30		万用表	MF47	1	只	
31		主回路端子板	TD-20/10	1	条	
32		控制回路端子板	TD-15/10	1	条	
33		三相四线电源插头（带线）	5A	1	根	
34		安装板	600mm×800mm 金属网板或木质高密板	1	块	
35		DIN 导轨	35mm	0.5	m	
36		走线槽	TC3025	若干	m	
37		控制回路导线	BVR 1mm² 黑色	若干	m	
38		主回路导线	BVR 1.5mm² 蓝色	若干	m	
39		尼龙绕线管	ϕ 8mm	若干	m	
40		螺钉	—	若干	颗	
41		号码管、编码笔	—	若干	—	

任务一 三相异步电动机的点动及长动控制

▶▶▶ **任务目标**

（1）学习并掌握点动及长动控制的编程方法。
（2）会设计并绘制点动及长动的控制原理及安装图。
（3）会安装及检测点动及长动的控制电路及调试程序。

▶▶▶ **任务分析**

机床设备在正常运行时，一般电动机都处于连续运行状态。但在试车或调整刀具与工件的相对位置时，又需要电动机能点动控制，实现这种控制要求的线路是连续与点动混合控制的正转控制线路。

三相异步电动机的点动及长动控制电路硬件布局如图 3-1 所示。电源通过图 3-1（a）所示的三相四线电缆线接至 TX1，图 3-1（c）所示的实验电动机也由 TX1 引出。主电路由隔离开关 QS、熔断器 FU1、接触器 KM 的常开主触点，热继电器 FR 的热元件和电动机 M 组成。控制电路是由熔断器 FU2、PLC、停止按钮 SB1、点动启动按钮 SB2、长动启动按钮 SB3、接触器线圈及热继电器的常闭触点等构成三相异步电动机的控制电路，控制要求如下。

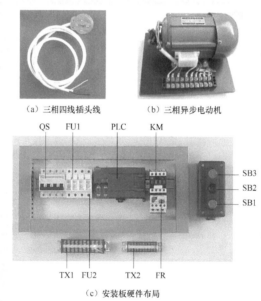

（a）三相四线插头线　　（b）三相异步电动机

（c）安装板硬件布局

图 3-1　三相异步电动机点动及长动控制电路硬件布局

1．点动启动

按下点动启动按钮 SB2，电动机全压启动，松开 SB2，电动机停止。

2．长动启动

按下长动启动按钮 SB3，电动机全压启动，松开 SB3，电动机全压运转。

3．停止控制

按下停止按钮 SB1，电动机停止运转。

4．保护措施

系统具有必要的过载保护和短路保护。

▶▶▶ **相关知识**

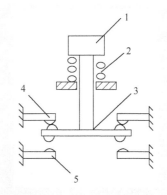

1—按钮帽；2—复位弹簧；3—动触头；

4—常闭静触头；5—常开静触头

图 3-2　按钮结构示意图

控制按钮是一种结构简单、发出控制指令和信号、使用广泛的手动主令电器，是 PLC 控制系统中使用最多的输入电器元器件之一，其结构如图 3-2 所示。

控制按钮由按钮帽、复位弹簧、桥式触点和外壳等组成，通常做成复合式，即具有常闭触点和常开触点。按下按钮时，先断开常闭触点，后接通常开触点；按钮释放后，在复位弹簧的作用下，按钮触点自动复位的先后顺序相反。通常，在无特殊说明的情况下，有触点电器的触点动作顺序均为"先断后合"。

在电器控制线路中，常开按钮常用来启动电动机，也称启动按钮，常闭按钮常用于控制电动机停车，也称停车按钮，复合按钮用于联锁控制电路中。

控制铵钮的种类很多，在结构上有揿式、紧急式、钥匙式、旋钮式、带灯式等。

选用原则：据国家标准 GB2682—1981《电工成套装置中指示灯的按钮颜色》中对按钮采用色标有明确规定，分绿、红、黄、蓝、黑、白、灰 7 种颜色标记。

绿色：表示接通电源或启动操作。

红色：表示停止运行或切断电源。

黄色：表示防止意外反常情况的操作。

蓝色：表示绿、红、黄之外的其他特设的操作功能。

黑色、白色、灰色：用于如单独点动控制等。

符号表示：按钮的图形和文字符号如图 3-3 所示。

按钮的型号对于不同品牌的定义并不相同，以正泰电器的 NP2 系列按钮为例，其型号及含义如图 3-4 所示，型式代号、辅助规格代号见表 3-2。

（a）常开触点　　（b）常闭触点　　（c）复式触点

图 3-3　按钮的图形文字符号

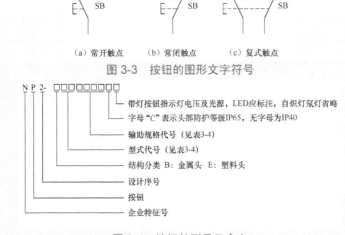

图 3-4　按钮的型号及含义

表 3-2 型式代号、辅助规格代号

型式代号	辅助规格代号		
A：自复平钮 L：自复高钮 C：ϕ40 蘑菇头自复钮 R：ϕ60 蘑菇头自复钮 P：带罩按钮 后加"Z"为自锁式	1：自　　2：黑 3：绿　　4：红 5：黄　　6：蓝	1：常开　　2：常闭 3：二常开　4：二常闭 5：一常开一常闭	—
D：旋钮 J：旋柄 G：匙钮	2：二位置锁定 3：三位置锁定 4：二位置复位 5：三位置复位	1：常开　　2：常闭 3：二常开　4：二常闭 5：一常开一常闭	—
A：自复平钮（带符号） 后加"Z"为自锁式	1：自 2：黑 3：绿　3：带符号 4：红	4：↓ 5：↑　　6：‖ 1：1 2：0	1：常开　　2：常闭 3：二常开　4：二常闭 5：一常开一常闭
S：蘑菇头自锁	转动复位 4：ϕ30　5：ϕ40　6：ϕ60 钥匙复位 1：ϕ40	3：绿　4：红　5：黄	2：常闭
L8：双头按钮	3：平钮 4：平钮+高钮	2：红+绿	5：一常开一常闭
W1：自复带灯高钮 W3：带灯平钮 W4：自复带灯蘑菇钮 后加"Z"为自锁式	1：自　　3：绿 4：红　　5：黄 6：蓝	4：220V 变压器式 5：380V 变压器式 6：直接式 8：阻容式	1：常开　　2：常闭 3：二常开　4：二常闭 5：一常开一常闭
WS：双头带灯按钮	3：平钮 4：平钮+高钮	4：220V 变压器式 5：380V 变压器式 6：直接式 8：阻容式	5：一常开一常闭
KI：带灯旋钮	2：二位置锁定 3：三位置锁定	1：白 3：绿 4：红　　6：直接式 5：黄 6：蓝	1：常开　　2：常闭 3：二常开　4：二常闭 5：一常开一常闭
V：信号灯	4：220V 变压器式 5：380V 变压器式 6：直接式 8：阻容式	1：白　　3：绿 4：红　　5：黄 6：蓝	—
V1：经济型信号灯	6：直接式	1：白　　3：绿 4：红　　5：黄 6：蓝	
BE101（无结构分类号） BE102（无结构分类号）	常开接触组 常闭接触组	—	—

按钮作为 PLC 的输入元件，无论对外接的是动合触点还是动断触点，通过 PLC 输入接口电路变换，都能作为无数个触点用于 PLC 程序运算。

▶▶▶ **操作指导**

1．绘制控制电路原理图

根据学习任务绘制控制电路原理图，系统采用 S7-200 CPU224 AC/DC/RLY 型 PLC，其 I/O 接线如图 3-5 所示。

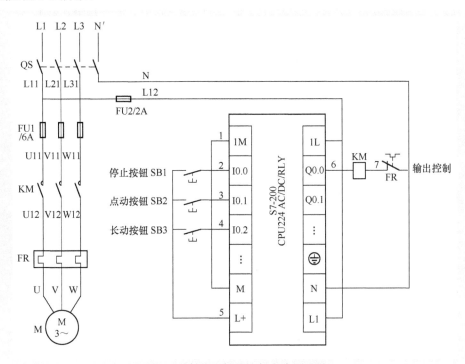

图 3-5　点动及长动控制电路原理图

2．安装电路

（1）检查元器件

根据表 3-1 配齐元器件，检查元器件的规格是否符合要求，检测元器件的质量是否完好。

（2）固定元器件

按照元器件规划位置，安装 DIN 导轨及走线槽，固定元器件。

（3）配线安装

根据配线原则及工艺要求，对照原理图进行配线安装。主回路采用 1.5mm^2 蓝色导线，控制回路采用 1mm^2 黑色导线。除注明外，控制回路导线采用数字序号统一编号。

① 板上元器件的配线安装。

② 外围设备的配线安装。电源进线及电动机均通过一次回路接线端子 TX1 后与主板相接，输入控制按钮通过二次回路接线端子 TX2 与主板相接。图 3-6 所示是三相四线电源插头与插座的外形图，接线时相线与 N 线千万不能接错，否则会造成严重设备安

图 3-6　三相四线电源插头与插座的外形结构

全事故。

3．自检

（1）检查布线

对照原理图检查是否掉线、错线，是否漏编、错编，接线是否牢固等。

（2）用万用表检测

用万用表检测安装的电路，应按先一次主回路，后二次控制回路的顺序进行。

主回路重点检测 L1、L2、L3 之间的电阻值，在断路器断开及接触器处于常态时，阻值均为无穷大；断路器接通并压下接触器时，为电动机绕组阻值（零点几至几欧）。控制回路检测时，应重点检查 PLC 配线是否正确，输入回路及输出回路之间是否可靠隔离。

4．编辑控制程序

在装有 STEP7-Micro/WIN V4.0 SP6 编程软件的计算机上，编辑 PLC 控制程序并编译后保存为 "*.mwp" 文件备用。图 3-7（a）所示是三相异步电动机点动—长动 PLC 控制梯形图程序，图 3-7（b）所示是与之对应的指令表程序。

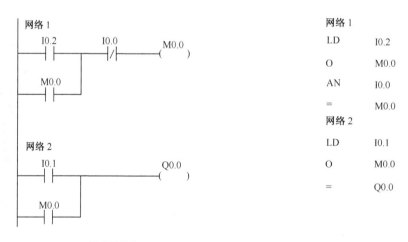

（a）梯形图程序　　　　　　　　　　　　　（b）指令表程序

图 3-7　三相异步电动机点动—长动 PLC 控制程序

输入输出继电器及其他编程元件的地址分配见表 3-3。

表 3-3　编程元件地址分配表

编程元件	I/O 端子	电路器件	作　　用
输入继电器	I0.0	SB1	停止按钮
	I0.1	SB2	点动按钮
	I0.2	SB3	长动按钮
输出继电器	Q0.0	KM	接触器线圈
位存储器	M0.0	—	长动自锁控制
其他电器	—	FR	过载保护

简要说明：程序中用到了 PLC 内部编程元件位存储器 M0.0，其作用与继电接触器控制电路中的中间继电器极为相似。它没有输入与输出端子，但能在程序执行过程中完成中间逻

辑变量的运算转换。本例中，M0.0 将长动控制的状态与点动控制信号 I0.1 相或后再控制 Q0.0 的输出状态。

停止按钮 SB1 采用了常开触点的形式。一般 PLC 输入信号接点，通常优先采用常开（动合）接点，以利于梯形图编程。

PLC 梯形图程序与继电—接触器控制电路相似，但无需雷同，充分利用 PLC 中的软元件，可使程序结构简单易读。

FR 的动断触点串接于接触器线圈回路中，能可靠的对电动机实施保护，其缺点是，即使电动机处于保护状态，PLC 仍视系统为正常状态，不予报警。

5. 程序下载

（1）在 PLC 断电状态下，用 USB/ PPI 电缆连接计算机与 S7-200 CPU224 AC/DC/RLY 型 PLC。

（2）合上控制电源开关 QS，将运行模式选择开关拨到 STOP 位置，通过软件将编制好的控制程序下载到 PLC。

注意：一定要在断开 QS 的情况下插拔适配电缆，否则极易损坏 PLC 通信接口。

6. 运行三相异步电动机点动—长动 PLC 控制程序

（1）将运行模式选择开关拨到 RUN 位置，使 PLC 进入运行方式。

（2）根据任务分析要求，按下 SB1、SB2、SB3 等按钮，观察 PLC 上输入、输出指示灯的工作状态及电动机 M 的工作情况。满足控制要求即表明程序运行正常。

▶▶▶ **课后思考**

（1）分析图 3-7 所示的控制程序，如果要求停止按钮 SB1 与点动按钮 SB2 同时按下时，Q0.0 无输出，程序应如何修改？

（2）如果不用位存储器 M0.0，如何编制三相异步电动机点动—长动 PLC 控制程序？

任务二 三相异步电动机的顺序控制

▶▶▶ **任务目标**

（1）学习并掌握电动机顺序控制的编程方法。

（2）会设计并绘制电动机顺序控制原理图。

（3）会安装及检测电动机顺序控制的控制电路及调试 PLC 控制程序。

▶▶▶ **任务分析**

两台三相异步电动机的顺序启动 PLC 控制电路，硬件布局如图 3-8 所示。

主电路由隔离开关 QS、熔断器 FU1、接触器 KM1、KM2 的常开主触点，热继电器 FR1、FR2 的热元件和两台电动机 M1、M2 组成。控制电路采用 S7-200 CPU224 AC/DC/RLY 型 PLC，输入输出电器元器件有停止按钮 SB1、启动按钮 SB2、接触器线圈及热继电器的常闭触点等。系统控制要求如下。

1. 启动控制

在停止状态，按 SB2，电机 M1 启动并保持运转，PLC 内部计时元器件 T37 开始计时。

T37 计时时间到，启动电动机 M2。

2. 停止控制

按下停止按钮 SB1，两台电动机停止运转。

3. 保护措施

系统具有必要的过载保护和短路保护。

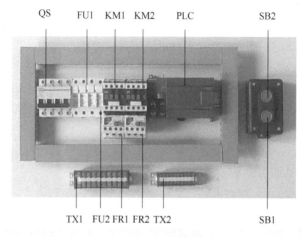

图 3-8　顺序启动 PLC 控制电路安装图

▶▶▶ 相关知识

热继电器是一种电气保护元器件。主要用于电动机的过载保护、断相保护、电流不平衡保护以及其他电气设备发热状态时的控制。

图 3-9 所示是热继电器的原理图。热元件 1 串接在电动机定子绕组中，当电动机正常运行时，热元件产生的热量虽能使双金属片弯曲，但还不足以使热继电器的触点动作。当电动机过载时，双金属片 2 弯曲位移增大，推动导板 3 使常闭触点断开，从而切断电动机控制电路以起保护作用。热继电器动作后一般不能自动复位，要等双金属片冷却后按下复位按钮复位。热继电器动作电流的调节，可以借助旋转凸轮于不同位置来实现。热继电器的图形和文字符号如图 3-10 所示。

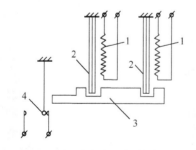

1—热元件；2—双金属片；3—导板；4—触点复位

图 3-9　热继电器的原理图

图 3-10 热继电器的图形文字符号

在 PLC 控制电路中，热继电器的动断触点一般串接在接触器线圈控制电路中，而热继电器的动合触点，作为保护动作的应答信号接 PLC 输入端，通知上位机故障报警。也就是说，热继电器的常闭触点起保护作用，常开触点起故障应答作用。

图 3-11 所示为一自动升压供水控制电路。P1、P2 与 P2、P3 是水压检测电接点开关，其动作压力可根据需要进行调节。HL1、HL2 及 HL3 分别为电源指示、水泵电动机工作指示及电动机过载保护指示。图中 FR 的动断触点用于电动机保护控制，动合触点控制 HL3 作为过载保护指示。这是热继电器两组触点最为典型的应用实例。

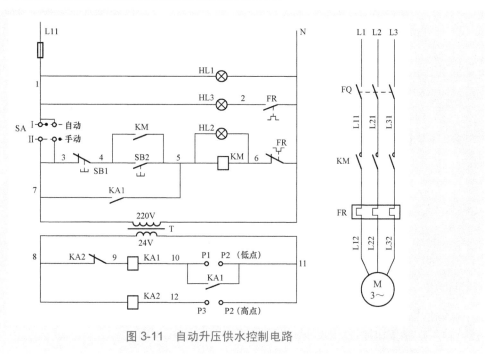

图 3-11 自动升压供水控制电路

▶▶▶ **操作指导**

1. 绘制控制电路原理图

根据学习任务绘制控制电路原理图，系统采用 S7-200 CPU224 AC/DC/RLY 型 PLC，其 I/O 接线如图 3-12 所示。

2. 安装电路

（1）检查元器件

根据表 3-1 配齐元器件，检查元器件的规格是否符合要求，检测元器件的质量是否完好。

（2）固定元器件

按照元器件规划位置，安装 DIN 导轨及走线槽，固定元器件。

（3）配线安装

根据配线原则及工艺要求，对照原理图进行配线安装。

① 板上元器件的配线安装。

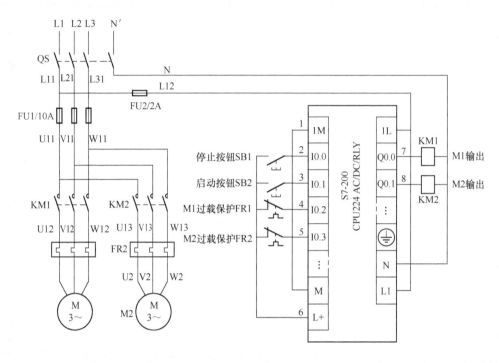

图 3-12　三相异步电动机顺序启动电路图

② 外围设备的配线安装。电源进线及电动机均通过一次回路接线端子 TX1 后与主板相接，输入控制按钮通过二次回路接线端子 TX2 与主板相接。

3．自检

（1）检查布线

对照原理图检查是否掉线、错线，是否漏编、错编，接线是否牢固等。

（2）用万用表检测

用万用表检测安装的电路，应按先一次主回路，后二次控制回路的顺序进行。

主回路重点检测 L1、L2、L3 之间的电阻值，在断路器断开及接触器处于常态时，阻值均为无穷大；断路器接通并压下接触器时，为电机绕组阻值（零点几至几欧）。

控制回路检测时，应重点检查 PLC 配线是否正确，输入回路及输出回路之间是否可靠隔离。

4．编辑控制程序

在装有 STEP7-Micro/WIN V4.0 SP6 编程软件的计算机上，编辑 PLC 控制程序并编译后保存为"*.mwp"文件备用。图 3-13（a）所示是三相异步电动机顺序启动 PLC 控制梯形图程序，图 3-13（b）所示是与之对应的指令表程序。

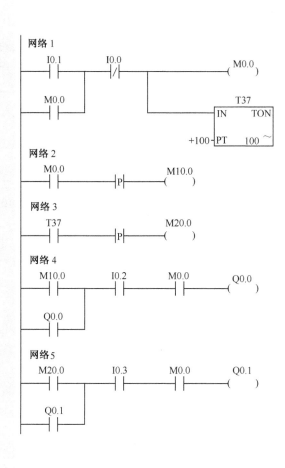

网络 1

LD	I0.1
O	M0.0
AN	I0.0
=	M0.0
TON	T37, +100

网络 2

LD	M0.0
EU	
=	M10.0

网络 3

LD	T37
EU	
=	M20.0

网络 4

LD	M10.0
O	Q0.0
A	I0.2
A	M0.0
=	Q0.0

网络 5

LD	M20.0
O	Q0.1
A	I0.3
A	M0.0
=	Q0.1

（a）梯形图程序 　　　　　（b）指令表程序

图 3-13　三相异步电动机顺序启动 PLC 控制程序

（1）输入输出继电器的地址分配见表 3-4

表 3-4　输入输出继电器的地址分配

编程元件	I/O 端子	电路器件	作　用
输入继电器	I0.0	SB1	停止按钮
	I0.1	SB2	启动按钮
	I0.2	FR1	热继电器动断触点
	I0.3	FR2	热继电器动断触点
输出继电器	Q0.0	KM1	接触器线圈
	Q0.1	KM2	接触器线圈

（2）其他编程元件的地址分配见表 3-5

表 3-5　其他编程元件的地址分配

编程元件	编程地址	PT 值	作　用
位存储器	M0.0	—	启动自锁
	M10.0	—	Q0.0 的启动控制
	M20.0	—	Q0.1 的启动控制
定时器 （100ms 通用型）	T37	100	顺序时间设定（10s）

简要说明：热过载继电器多采用动断触点。FR1、FR2 对应的两个输入常开触点 I0.2 及 I0.3，串联于 Q0.0 及 Q0.1 的输出回路中，类似于"启—保—停"电路中的停止按钮，因此当 FR1 或 FR2 动作时，将使对应的输出回路停止工作。

采用动断触点作为 PLC 输入回路接点时，触点动作则相应输入继电器置"0"，反之为"1"。用于 PLC "启—保—停"控制程序中的梯形图样式，与继电器—接触器控制电路样式正好相反，编程时应特别注意。

Q0.0 及 Q0.1 的启动，由 M10.0 及 M20.0 的脉冲输出信号进行控制。显然，当该电路中只有一台电动机因过载停止工作时，另外一台电动机的工作状态将不会受到影响。但排除故障后，需按下 SB1 使系统完全复位后，再次启动。

顺序控制电路通常用于并联运行的两台大功率电动机，采用顺序启动控制回路，可减缓过大的启动冲击电流。不同的应用场合下，应根据具体情况采用合理的应用程序。

5．程序下载

① 在 PLC 断电状态下，用 USB/ PPI 电缆连接计算机与 S7-200 CPU224 AC/DC/RLY 型 PLC。

② 合上控制电源开关 QS，将运行模式选择开关拨到 STOP 位置，通过软件将编制好的控制程序下载到 PLC。

注意：一定要在断开 QS 的情况下插拔适配电缆，否则极易损坏 PLC 通信接口。

6．运行三相异步电动机顺序启动 PLC 控制程序

① 将运行模式选择开关拨到 RUN 位置，使 PLC 进入运行方式。

② 根据任务分析要求，操作 SB1、SB2 等按钮，观察 PLC 上输入、输出指示灯的工作状态及电动机 M1、M2 工作情况。满足控制要求即表明程序运行正常。

▶▶▶ **课后思考**

（1）分析图 3-13（a）所示的 PLC 顺序启动控制程序，如果要求当 FR1 或 FR2 其中一个动作时，使两台电动机全部停止工作，应该如何编程？

（2）在图 3-13（a）所示的 PLC 顺序启动控制程序中，为什么要使用脉冲上升沿检出指令，如果不用，控制功能会有什么变化？

任务三　三相异步电动机的正反转控制

▶▶▶ **任务目标**

（1）学习并掌握互锁控制在正反转电路中的应用。

（2）会设计并绘制 PLC 电动机正反转控制原理图。

（3）会安装及检测电动机正反转控制电路及调试 PLC 控制程序。

▶▶▶ **任务分析**

三相异步电动机正反转 PLC 控制电路，硬件布局如图 3-14 所示。

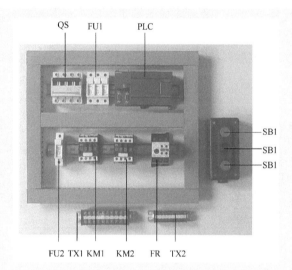

图 3-14　三相异步电动机正反转 PLC 控制电路安装图

主电路由隔离开关 QS，熔断器 FU1，接触器 KM1、KM2 的常开主触点，热继电器 FR 的热元件和电动机 M 组成。控制电路采用 S7-200 CPU224 AC/DC/RLY 型 PLC，输入输出电器元器件有停止按钮 SB1、正转启动按钮 SB2、反转启动按钮 SB2、接触器线圈及辅助常闭触点、热继电器的常闭触点等。系统控制要求如下。

1．正向启动

合上空气开关 QS 接通三相电源，按下正向启动按钮 SB2，KM1 通电吸合并自锁，主触头闭合接通电动机，电动机这时的相序是 L1、L2、L3，即正向运行。

2．反向启动

合上空气开关 QS 接通三相电源，按下反向启动按钮 SB3，KM2 通电吸合并通过辅助触点自锁，常开主触头闭合换接了电动机三相电源的相序，这时电动机的相序是 L3、L2、L1，即反向运行。

3．停止控制

无论在正转运行状态或是反转运行状态，按下停止按钮 SB1，电动机立即停止运转。

4．正反转切换限制

电动机正向（或反向）启动运转后，必须先按停止按钮使电动机停止后，再按反向（或正向）启动按钮，使电动机变为反方向运行。即电动机不允许从一个转向直接切换到另一个转向。

5. 保护措施

系统具有必要的过载保护和短路保护，并具有必要的互锁控制。

▶▶▶ **相关知识**

1. 电气互锁及机械互锁

为了实现电动机的换向，在正反转控制电路的主电路中，两个接触器的主触头并接于三相电源上，如果两个接触器同时得电，那么就会出现电源两相短路的事故，因此必须防止两个接触器同时得电，电路中就要必须有互锁控制。互锁控制有电气互锁和按钮互锁两种。

电气互锁就是将正反转接触器常闭辅助触头串接在对方线圈电路中，使对方不能同时得电动作的作用，形成相互制约的控制。

按钮互锁是将正反转启动按钮的常闭辅助触头串接在对方的接触器线圈电路中，这种互锁称为按钮互锁，也称机械互锁。

以图 3-15 所示的继电器接触器控制电路为例，分析电动机正反转控制电路中的两种互锁环节

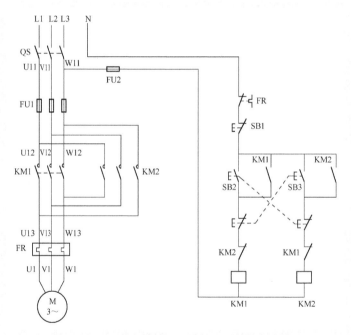

图 3-15　继电器接触器电动机正反转控制电路

（1）电气互锁

KM1 线圈回路串入 KM2 的常闭辅助触点，KM2 线圈回路串入 KM1 的常闭触点。当正转接触器 KM1 线圈通电动作后，KM1 的辅助常闭触点断开了 KM2 线圈回路，若使 KM1 得电吸合，必须先使 KM2 断电释放，其辅助常闭触头复位，这就防止了 KM1、KM2 同时吸合造成相间短路，这一线路环节称为电气互锁环节。

（2）按钮互锁

在电路中采用了控制按钮操作的正反转控制电路，按钮 SB2、SB3 都具有一对常开触点，

一对常闭触点，这两个触点分别与 KM1、KM2 线圈回路连接。例如按钮 SB2 的常开触点与接触器 KM1 线圈串联，而常闭触点与接触器 KM2 线圈回路串联。按钮 SB3 的常开触点与接触器 KM2 线圈串联，而常闭触点与 KM1 线圈回路串联。这样当按下 SB2 时只能有接触器 KM1 的线圈可以通电而 KM2 断电，按下 SB3 时只能有接触器 KM2 的线圈可以通电而 KM1 断电，如果同时按下 SB2 和 SB3 则两只接触器线圈都不能通电。这样就起到了互锁的作用。

2. 硬互锁及软互锁

通过电气线路连接方式及电器元器件结构形式实现的互锁控制称为硬互锁，上述电动机正反转控制回路中的互锁环节均为硬互锁。在 PLC 控制系统中，除采用硬互锁方式外，经常采用 PLC 内部软元件进行编程，以实现输出互锁的功能，这种互锁环节则称为软互锁。两者各有所长，不能相互取代。

3. CJX2 系列小型接触器的工作触点

随着 PLC 控制系统的日益普及，与之相适应的电器产品也应运而生。CJX2 系列小型接触器就是一种特别适用于 PLC 控制系统的电器元器件。由于 PLC 控制系统的控制逻辑均由内部控制程序进行处理，因此其输出接触器不需要更多的辅助触头。对于工作电流 25A 及以下的接触器，除 3 组主回路触头外，CJX2 只提供 1 组辅助触头。如 CJX2/1210 只有一组动合辅助触头，而 CJX2/1201 则只有一组动断辅助触头。当然，如有需要，可外挂辅助触头组以满足控制要求。

▶▶▶ 操作指导

1. 绘制控制电路原理图

根据学习任务绘制控制电路原理图，系统采用 S7-200 CPU224 AC/DC/RLY 型 PLC，三相异步电动机正反转控制电路如图 3-16 所示。

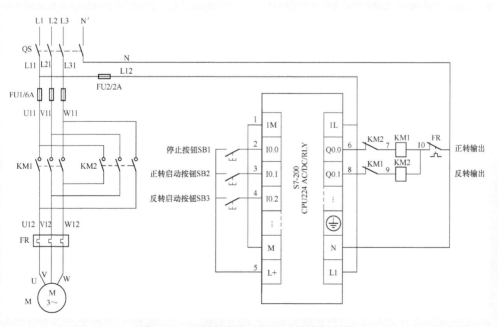

图 3-16　三相异步电动机正反转控制电路

2. 安装电路

（1）检查元器件

根据表 3-1 配齐元器件，检查元器件的规格是否符合要求，检测元器件的质量是否完好。

（2）固定元器件

按照元器件规划位置，安装 DIN 导轨及走线槽，固定元器件。

（3）配线安装

根据配线原则及工艺要求，对照原理图进行配线安装。

① 板上元器件的配线安装。

② 外围设备的配线安装。电源进线及电动机均通过一次回路接线端子 TX1 后与主板相接，输入控制按钮通过二次回路接线端子 TX2 与主板相接。

3. 自检

（1）检查布线

对照原理图检查是否掉线、错线，是否漏编、错编，接线是否牢固等。

（2）用万用表检测

用万用表检测安装的电路，应按先一次主回路，后二次控制回路的顺序进行。

主回路重点检测 L1、L2、L3 之间的电阻值，在断路器断开及接触器处于常态时，阻值均为无穷大；断路器接通并压下接触器时，为电动机绕组的阻值（零点几至几欧）。

控制回路检测时，应重点检查 PLC 配线是否正确，输入回路及输出回路之间是否可靠隔离。

4. 编辑控制程序

在装有 STEP7-Micro/WIN V4.0 SP6 编程软件的计算机上，编辑 PLC 控制程序并编译后保存为 "*.mwp" 文件备用。图 3-17（a）所示是三相异步电动机正反转控制梯形图程序，图 3-17（b）所示是与之对应的指令表程序。

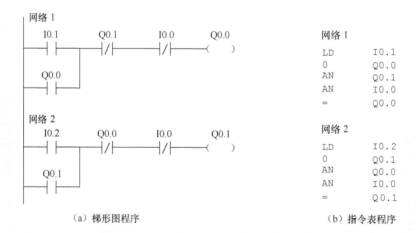

（a）梯形图程序   （b）指令表程序

图 3-17　三相异步电动机正反转控制程序

输入输出继电器的地址分配见表 3-6。

表 3-6　输入输出继电器的地址分配

编程元件	I/O 端子	电路器件	作　用
输入继电器	I0.0	SB1	停止按钮
	I0.1	SB2	正转启动按钮
	I0.2	SB3	反转启动按钮
输出继电器	Q0.0	KM1	正转接触器线圈
	Q0.1	KM2	反转接触器线圈
其他电器	—	FR	过载保护

简要说明如下。

使用 PLC 进行多个用电器件的互锁控制时，必须同时使用软互锁和硬互锁，以确保安全。

电路中电动机由正转过渡到反转必须先按 SB1，使其停车后，才能进行反转控制，这样可防止两个接触器同时动作造成短路。

为了可靠地对正反转接触器进行互锁，在 PLC 输出端，两个接触器之间采用动断触点构成互锁，这种互锁称为外部硬互锁。在梯形图程序中，两个输出继电器 Q0.0、Q0.1 之间，还相互构成互锁，这种互锁称为内部软互锁。

软互锁的作用：防止因触点灼伤粘连等外部故障时，本应断开的接触器因故障而未断开，由于操作不当，PLC 又对其他接触器发出了动作信号，使两只接触器同时处于通电动作状态。设置软互锁后，利用软互锁不接通另一输出继电器，从而防止主电路短路。

硬互锁作的用：防止因噪声在 PLC 内部引起运算处理错误，导致出现两个输出继电器同时有输出，使正反转接触器同时通电动作，造成主电路短路。

5. 程序下载

① 在 PLC 断电状态下，用 USB/ PPI 电缆连接计算机与 S7-200 CPU224 AC/DC/RLY 型 PLC。

② 合上控制电源开关 QS，将运行模式选择开关拨到 STOP 位置，通过软件将编制好的控制程序下载到 PLC。

注意：一定要在断开 QS 的情况下插拔适配电缆，否则极易损坏 PLC 通信接口。

6. 运行三相异步电动机正反转控制程序

① 将运行模式选择开关拨到 RUN 位置，使 PLC 进入运行方式。

② 根据任务分析要求，操作 SB1、SB2、SB3 等按钮，观察 PLC 上输入、输出指示灯的工作状态及电动机工作情况。满足控制要求即表明程序运行正常。

▶▶▶ **课后思考**

（1）如果控制要求按下 SB2 或 SB3 时能直接进行正反转切换，应该如何编程？

（2）为什么在三相异步电动机正反转控制电路中，两只接触器选型时采用 CJX2/1201，而不选用 CJX2/1210？

（3）为什么在三相异步电动机正反转控制电路中，热保护继电器选用独立安装式，而不选用组合安装式？

项目评价

考核项目	考核要求	配分	评分标准	（按任务）评分		
				一	二	三
元器件安装	① 合理布置元器件； ② 会正确固定元器件	10	① 元器件布置不合理每处扣 3 分； ② 元器件安装不牢固每处扣 5 分； ③ 损坏元器件每处扣 5 分			
线路安装	① 按图施工； ② 布线合理、接线美观； ③ 布线规范、无线头松动、压皮、露铜及损伤绝缘层	40	① 接线不正确扣 30 分； ② 布线不合理、不美观每根扣 3 分； ③ 走线不横平竖直每根扣 3 分； ④ 线头松动、压皮、露铜及损伤绝缘层每处扣 5 分			
编程下载	① 正确输入梯形图； ② 正确保存文件； ③ 会转换梯形图； ④ 会传送程序	30	① 不能设计程序或设计错误扣 10 分； ② 输入梯形图错误一处扣 2 分； ③ 保存文件错误扣 4 分； ④ 转换梯形图错误扣 4 分； ⑤ 传送程序错误扣 4 分			
通电试车	按照要求和步骤正确检查、调试电路	20	通电调试不成功每次扣 5 分			
安全生产	自觉遵守安全文明生产规程	—	发生安全事故，0 分处理			
时间	5h	—	提前正确完成，每 10min 加 5 分；超过定额时间，每 5min 扣 2 分			
综合成绩（此栏由指导教师填写）						

习 题

1. 锅炉点火和熄火控制。

控制要求为：点火过程为先启动引风，5min 后启动鼓风，2min 后点火燃烧；熄火过程为先熄灭火焰，2min 后停止鼓风，5min 后停止引风。试设计控制电路，合理分配 I/O 端子并编写梯形图程序。

2. 图 3-18 所示是三条带运输机的示意图。对于这三条带运输机的控制要求是：按下启动按钮以后，1 号运输带开始运行；5s 以后，2 号运输带自动启动；再过 5s 以后，3 号运输带自动启动。停机的顺序与启动的顺序正好相反，间隔时间仍为 5s。试列出 I/O 分配表以及相应的梯形图程序。

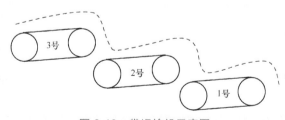

图 3-18 带运输机示意图

3．用 PLC 实现彩灯的自动控制。控制过程为：按下启动按钮，第一花样绿灯亮；10s 后，第二花样蓝灯亮；20s 后，第三花样红灯亮；10s 后返回到第一花样，如此循环，并仅在第三花样后方可停止。试设计控制电路，合理分配 I/O 端子并编写梯形图程序。

项目四

三相异步电动机降压启动

项目情境

电动机启动电压低于额定电压称为降压启动。三相异步电动机直接启动时（全压启动），启动电流一般是额定电流的 4～7 倍，为减少对电网的影响，电动机的容量较大（≥13kW）时常采用降压启动，以限制启动电流。

项目实施节奏

本项目是学习电气及 PLC 控制技术的难点内容，实施前可组织学生现场观察或通过多媒体课件，了解三相异步电动机各种降压启动控制电路的外形结构及其工作过程，要求学生能指出不同降压启动控制电路的适用场合。

教师根据学生掌握电气及 PLC 基本技能的熟练程度，结合器材准备情况，将全班同学按项目任务分成相应的 3 个大组，每个大组包含若干个学习小组，各小组成员以 2～3 名为宜。除相关知识讲授及集中点评外，3 个学习任务可分散同步进行，建议完成时间为 14 学时。

任　　务	相关知识讲授	分组操作训练	教师集中点评
一	0.5h	3h	0.5h
二	0.5h	3h	0.5h
三	1h	4.5h	0.5h

项目所需器材

学习所需的全部工具、设备见表 4-1。根据所选学习任务的不同，各小组领用器材略有区别。

表 4-1　工具、设备清单

序号	分　类	名　　称	型号规格	数量	单位	备注
1	任务一设备	小型三极断路器	DZ47-63 D10/4P	1	只	
2		熔断器	RT18-32/2A	1	套	
3		熔断器	RT18-32/6A	3	套	
4		热继电器	JRS1-09～25/Z,1.6～2.5A	1	只	
5		交流接触器	CJX2-1210,220V	1	只	

续表 4-1

序号	分 类	名 称	型号规格	数量	单位	备注
6	任务一设备	交流接触器	CJX2-1201,220V	2	只	
7		时间继电器	JS14A，220V	1	只	
8		按钮	LA2-2H	1	只	
9		三相异步电动机	0.75kW 380V/△形连接	1	台	
10	任务二设备	PLC	S7-200 CPU224 AC/DC/RLY	1	台	
11		编程电缆	PC/PPI 或 USB/PC/PPI	1	根	
12		小型三极断路器	DZ47-63 D10/4P	1	只	
13		熔断器	RT18-32/2A	1	套	
14		熔断器	RT18-32/6A	3	套	
15		热继电器	JRS1-09～25/Z,1.6～2.5A	1	只	
16		交流接触器	CJX2-1210,380V	1	只	
17		交流接触器	CJX2-1201,380V	2	只	
18	任务二设备	辅助触头	F2-11	1	只	
19		按钮	LA2-2H	2	只	
20		三相异步电动机	0.75kW 380V/△形连接	1	台	
21	任务三设备	PLC	S7-200 CPU224 AC/DC/RLY	1	台	
22		编程电缆	PC/PPI 或 USB/PC/PPI	1	根	
23		软启动器	NJR2-7.5D	1	台	
24		小型三极断路器	DZ47-63 D10/4P	4	只	
25		熔断器	RT18-32/2A	1	套	
26		熔断器	RT18-32/6A	3	套	
27		热继电器	JRS1-09～25/Z,1.6～2.5A	2	只	
28		交流接触器	CJX2-1210,220V	4	只	
29		交流接触器	CJX2-0910,220V	1	只	
30		按钮	LA2-2H	2	只	
31		三相异步电动机	0.75kW 380V/△形连接	2	台	
32	工具及辅材	常用电工工具	—	1	套	工具及辅材适用于所有学习任务
33		万用表	MF47	1	只	
34		端子板	TD-20/10、TD20/20、TD-15/10	各 1	只	
35		三相电源插头	16A	1	只	
36		安装板	600mm×800mm 金属网板或木质高密板	1	块	
37		DIN 导轨	35mm	0.5	m	
38		走线槽	TC3025	若干	m	
39		导线	一次回路 BVR1.5mm2 红色 二次回路 BVR1mm2 黑色	若干	m	
40		螺钉	—	若干	颗	
41		号码管、编码笔	—	若干	—	

任务一　通用型 Y-△降压启动控制电路

▶▶▶ **任务目标**

（1）进一步学习并掌握三相异步电动机 Y-△降压启动工作原理。
（2）会设计并绘制 Y-△降压启动 PLC 控制原理图。
（3）会安装及检测 Y-△降压启动 PLC 控制电路。

▶▶▶ **任务分析**

通用型三相异步电动机 Y-△降压启动 PLC 控制电路硬件布局如图 4-1 所示。主电路由隔离开关 QS，熔断器 FU1，接触器 KM1、KM2、KM3 的常开主触点，热继电器 FR 的热元件和电动机 M 组成。控制电路由熔断器 FU2、PLC、停止按钮 SB1、启动按钮 SB2、接触器线圈及热继电器的常闭触点等构成三相异步电动机 Y-△降压启动 PLC 控制电路，控制要求如下。

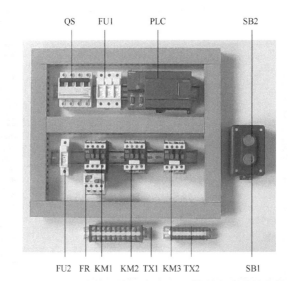

图 4-1　通用型 Y-△降压启动 PLC 控制电路硬件布局

1．降压启动

按下启动按钮 SB2，电动机定子绕组接成 Y 形降压启动，KM1、KM2 通电工作，电动机以低速运转。PLC 内部时间继电器 T37 读秒。

2．灭弧阶段

降压启动定时器 T37 设定时间为 5s，计时时间到，KM2 断电，灭弧定时器 T38 计时开始。

3．全压运行

灭弧定时器 T38 设定时间为 0.5s，计时时间到，KM3 通电，电动机定子绕组接成△形全压运行。

4．停止控制

按下停止按钮 SB1，电动机停止运转。

5．保护措施

系统具有必要的过载保护和短路保护。

▶▶▶ **相关知识**

1．电动机定子绕组的两种连接方式

（1）定子绕组的 Y 形连接

电动机的 Y 形连接如图 4-2 所示，将 U2、V2、W2 短接，将 U1、V1、W1 接三相电源 L1、12、L3，同时将电动机外壳接 PE。小功率电动机一般设计成 Y 形连接方式，每相绕组的额定电压为 220V。该型电动机不得以△形连接方式接于线电压为 380V 的电网中。

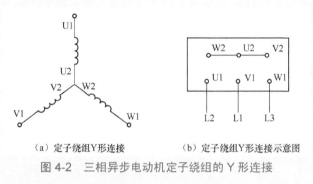

（a）定子绕组Y形连接　　　　　　（b）定子绕组Y形连接示意图

图 4-2　三相异步电动机定子绕组的 Y 形连接

（2）定子绕组的△形连接

电动机的△形连接如图 4-3 所示，将 U1 与 W2、V1 与 U2、W1 与 V2 短接，将 U1、V1、W1 接三相电源 L1、L2、L3。功率较大的电动机通常设计成△形连接方式，每相绕组的额定电压为 380V。

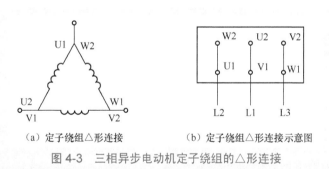

（a）定子绕组△形连接　　　　　　（b）定子绕组△形连接示意图

图 4-3　三相异步电动机定子绕组的△形连接

2．Y-△降压启动

对于额定电压为 380V，规定为△形连接方式，且功率≥13kW 的大中型三相异步电动机，常采用 Y-△降压启动，以限制启动电流。

Y-△降压启动是指启动阶段以 Y 形连接方式接于电网，此时电动机每相绕组电压为 220V，远低于额定电压 380V。待电动机启动完毕（达到正常转速）后，再切换成△形连接，恢复全压运行。降压启动会使启动转矩下降较多，所以 Y-△降压启动只适用于空载或轻载情况下启动电动机。

3．Y-△降压启动电路中电压与电流的对比关系

采用 Y-△降压启动时，绕组启动电压是全压启动电压的 58%（220/380），干路启动电流是全压启动电流的 1/3（0.58²）。

连接方式为△形的电动机，直接启动和降压启动，干路电流、电压见表 4-2，从表中可以分析出为什么要采取降压启动，同时也可根据表中的电流、电压参考值选择相应的交流接触器、热继电器、接线端子排和导线规格。

表 4-2　△形连接电动机 Y-△降压启动和△运行时电流、电压参考值

△形连接电动机直接启动				△形连接电动机 Y/△降压启动			
额定功率（kW）	相电压（V）	电流（A）		相电压（V）	电流（A）		额定功率（kW）
		启动瞬间	启动结束		启动瞬间	启动结束	
7.5	380	60～105	15	220	20～35	5	2.5
30	380	240～420	60	220	80～140	20	10
120	380	960～1 680	240	220	320～560	80	40

4．三种 Y-△降压启动电路一次回路的连接方法

图 4-4 所示为 3 种 Y-△降压启动电路一次回路的连接方法。读懂它们之间的异同点，是正确选择电器元件型号及参数的关键。图 4-4（a）中，主控接触器 KM1 及热保护继电器 FR 中均流过最大干线电流，元件参数选择时，应以电动机额定工作电流并留有一定余地为准。KM3 中仅流过绕组相电流，其大小约为干线电流的 $1/\sqrt{3}$，其触点容量可选取比 KM1 小的规格。图 4-4（b）及图 4-4（c）中，FR 中只流过绕组相电流，因此其参数选取及整定应以电动机额定工作电流的 $1/\sqrt{3}$ 考虑。

图 4-4（c）中，KM1 及 KM3 中电流均为绕组相电流，故可选择同一规格的接触器。

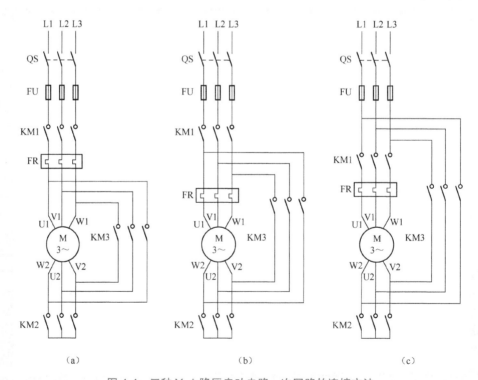

图 4-4　三种 Y-△降压启动电路一次回路的连接方法

如图 4-5 所示，热保护继电器有独立安装和组合安装两种结构形式。在图 4-4（b）中，由于 KM1 和 FR 之间有输出支路，所以只能选用独立安装式的热保护继电器。其他两种电路中则没有结构形式的限制。

（a）独立安装（JRS1-09～25/F）　　　　（b）组合安装（JRS1-09～25/Z）

图 4-5　热保护继电器两种结构形式

▶▶▶ 操作指导

1. 绘制控制电路原理图

根据学习任务绘制控制电路原理图，系统采用 S7-200 CPU224 AC/DC/RLY 型 PLC，其 I/O 接线如图 4-6 所示。

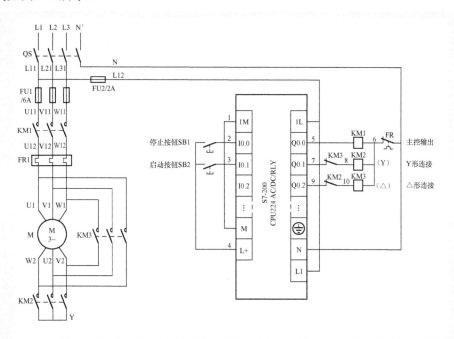

图 4-6　通用型 Y-△降压启动 PLC 控制电路

2. 安装电路

（1）检查元器件

根据表 4-1 配齐元器件，检查元器件的规格是否符合要求、质量是否完好。

（2）固定元器件

按照元器件规划位置，安装 DIN 导轨及走线槽，固定元器件。

（3）配线安装

根据配线原则及工艺要求，对照原理图进行配线安装。主回路采用 1.5mm² 蓝色导线，控制回路采用 1mm² 黑色导线。除注明外，控制回路导线采用数字序号统一编号。

① 板上元器件的配线安装。

② 外围设备的配线安装。电源进线及电动机均通过一次回路接线端子 TX1 后与主板相接，输入控制按钮通过二次回路接线端子 TX2 与主板相接。

3. 自检

（1）检查布线

对照原理图检查是否掉线、错线，是否漏编、错编，接线是否牢固等。

（2）用万用表检测电路

用万用表检测安装的电路，应按先一次主回路，后二次控制回路的顺序进行。

主回路重点检测 L1、L2、L3 之间的电阻值，在断路器断开及接触器处于常态时，阻值均为无穷大；断路器接通并压下接触器时，为电动机绕组阻值（零点儿至几欧）。控制回路检测时，应重点检查 PLC 配线是否正确，输入回路及输出回路之间是否可靠隔离。

4. 编辑控制程序

在装有 STEP7-Micro/WIN V4.0 SP6 编程软件的计算机上，编辑 PLC 控制程序并编译后保存为 "*.mwp" 文件备用。图 4-7（a）所示是三相异步电动机通用型 Y-△降压启动 PLC 控制梯形图程序，图 4-7（b）所示是与之对应的指令表程序。

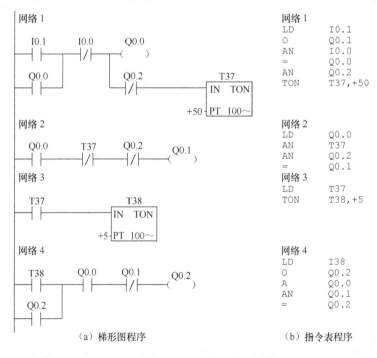

图 4-7 通用型 Y-△降压启动 PLC 控制程序

编程元件的地址分配如下。

（1）输入输出继电器的地址分配如表 4-3

表 4-3 输入输出继电器的地址分配

编程元件	I/O 端子	电路器件	作　用
输入继电器	I0.0	SB1	停止按钮
	I0.1	SB2	启动按钮
输出继电器	Q0.0	KM1	主控接触器线圈
	Q0.1	KM2	Y 形连接用接触器线圈
	Q0.2	KM3	△形连接用接触器线圈

（2）其他编程元器件的地址分配见表 4-4

表 4-4 其他编程元器件的地址分配

编程元件	编程地址	PT 值	作　用
定时器（100ms 通用型）	T37	50	Y 形连接时间设定（5s）
	T38	5	消除电弧短路时间设定（0.5s）

5．程序下载

（1）在 PLC 断电状态下，用 USB/PPI 电缆连接计算机与 S7-200 CPU224 AC/DC/RLY 型 PLC。

（2）合上控制电源开关 QS，将运行模式选择开关拨到 STOP 位置，通过软件将编制好的控制程序下载到 PLC。

注意：一定要在断开 QS 的情况下插拔适配电缆，否则极易损坏 PLC 通信接口。

6．运行通用型 Y-△降压启动 PLC 控制程序

（1）将运行模式选择开关拨到 RUN 位置，使 PLC 进入运行方式。

（2）根据任务分析要求，操作 SB1、SB2 等按钮，观察接触器 KM1、KM2、KM3 的工作状态及电动机 M 工作情况。满足控制要求即表明程序运行正常。

▶▶▶ 课后思考

（1）工程实际中，功率为 0.75kW 的三相异步电动机，是否采用 Y-△降压启动电路？

（2）如果主回路使用图 4-4（b）所示的电路结构，热继电器整定值应调整为多少？

任务二　改进型 Y-△降压启动控制电路

▶▶▶ 任务目标

（1）会设计并绘制改进型 PLC 控制 Y-△降压启动原理图。

（2）会安装及检测改进型 PLC 控制 Y-△降压启动电路。

（3）学习 S7-200 系列 PLC 栈操作指令，编制 Y-△降压启动 PLC 应用程序，并正确完成下载、运行、调试及监控。

▶▶▶ **任务分析**

大容量电动机主回路所用接触器，其电磁线圈驱动的电流较大，不能用 PLC 输出继电器触点直接控制。图 4-8 所示是一种改进型三相异步电动机 Y-△降压启动 PLC 控制电路。主电路由隔离开关 QS，熔断器 FU1，接触器 KM1、KM2、KM3 的常开主触点，热继电器 FR 的热元件和电动机 M 组成。控制电路在任务一的基础上，增加了 3 个中间继电器 KA1、KA2 及 KA3。它们分别用于驱动 3 个主回路接触器。控制要求如下。

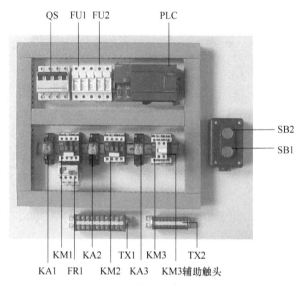

图 4-8 改进型 Y-△降压启动 PLC 控制电路硬件布局

1．降压启动

按下启动按钮 SB2，电动机定子绕组接成 Y 形降压启动， KM1、KM2 通电工作，电机低速运转。此外，如果 KM3 因故障造成触点粘连而无法复位时，即使按下启动按钮，也不能进入启动程序，以避免非正常全压启动导致不良后果。

2．灭弧阶段

降压启动定时器 T37 设定为 10s，计时时间到，KM2 断电，灭弧定时器 T38 计时开始。

3．全压运行

灭弧定时器 T38 设定为 0.5s，计时时间到， KM3 通电，电动机定子绕组接成△形全压运行。

4．停止控制

按下停止按钮 SB1，电动机停止运转。

5．保护措施

系统具有必要的过载保护和短路保护。过载保护动作时，PLC 应断开所有输出。

▶▶▶ **相关知识**

1．堆栈操作指令

前面介绍的所有指令都没有存储过程，逻辑运算的结果直接输出。但是有些逻辑关系的运算并不能在一个逻辑运算过程中结束，需要将中间结果存储起来，待以后用到时再取出来，S7-200 系列 PLC 采用模拟堆栈结构，用来存放逻辑运算结果以及保存断点地址，因此其操作又称为逻辑堆栈操作。堆栈就是一段存储区域，堆栈中数据的存取有"先入后出"的特点。

堆栈操作语句表指令格式介绍如下。

LPS（无操作元件）；（Logic Push）逻辑推入栈操作指令。

LRD（无操作元件）；（Logic Read）逻辑读栈指令。

LPP（无操作元件）；（Logic Pop）逻辑弹栈指令。

（1）LPS 指令

LPS 指令用于储存电路中有分支处的逻辑运算结果，以便以后处理有线圈的支路时可以调用该运算结果。使用一次 LPS 指令，当时的逻辑运算结果压入堆栈的第一层（顶层），堆栈中原来的数据依次向下一层推移。推入栈操作是存入，堆栈指针负责指明数据存入的地址。编程者可以不考虑数据具体存在什么地方，每存入一个数据，堆栈的指针就自动加 1，指向下一个存储数据的地址。

（2）LRD 指令

LRD 指令读取存储在堆栈最上层的电路中分支点处的运算结果，将下一个触点强制性地连接在该点。读数后堆栈内的数据不会上下移动。

（3）LPP 指令

LPP 指令弹出（调用并去掉）存储在堆栈最上层的电路中分支点对应的运算结果。将下一触点连接在该点，并从堆栈中去掉该点的运算结果。使用 LPP 指令时，堆栈中各层的数据向上移动一层，最上层的数据在读出后从栈内消失。

堆栈操作指令对栈区的影响如图 4-9 所示，图中 ivx 表示存储在存储器栈区某个程序断点的地址。

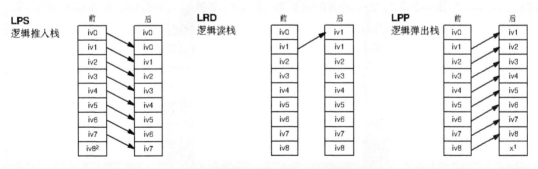

注 1：该数值是不确定的（可以是 0，也可以是 1）。
注 2：在逻辑入栈指令执行后，iv8 的值丢失。

图 4-9 LPS，LRD，LPP 指令的操作过程

逻辑堆栈指令（LPS）可以嵌套使用，最多为 9 层。为保证程序地址指针不发生错误，推入栈和弹栈指令必须成对使用，最后一次读栈操作应使用弹栈指令。

堆栈操作指令的运用示例见表 4-5，本例中输入触点 I0.0 的状态被 LPS 指令保存后，通过 LRD 指令读出并影响 Q6.0 的输出结果，再由 LPP 指令取出并影响 Q3.0 的输出结果。

表 4-5　LPS、LRD 及 LPP 指令运用示例

梯形图（LAD）	指令表（STL）
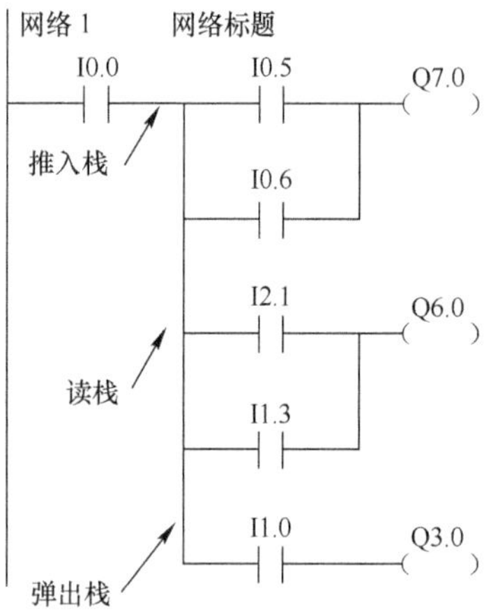 网络 1　　　网络标题 网络 1　　　网络标题 　I0.0　　　I0.5　　　　Q7.0 推入栈 　　　　　　I0.6 　I2.1　　　　　　　Q6.0 读栈 　　　　　　I1.3 　I1.0　　　　　　　Q3.0 弹出栈	网络 1 LD　　I0.0　　//载入常开触点 I0.0 LPS　　　　　 //当前逻辑运算结果推入栈 LD　　I0.5　　//载入常开触点 I0.5 O　　 I0.6　　//将常开触点 I0.6 与 I0.5 并联 ALD　　　　　//将并联电路块与 I0.0 串联 =　　　Q7.0　//结果输出至 Q7.0 LRD　　　　　//读栈 LD　　I2.1　　//载入常开触点 I2.1 O　　 I1.3　　//将常开触点 I1.3 与 I2.1 并联 ALD　　　　　//将 I2.1 和 I1.3 的并联电路块与读栈值串联 =　　　Q6.0　//将结果输出至 Q6.0 LPP　　　　　//弹出栈 A　　 I1.0　　//将常开触点 I1.0 与弹出栈值串联 =　　　Q3.0　//将结果输出至 Q3.0

2．PLC 工作电源与输出触点额定值

（1）PLC 的工作电源

交流电源型 PLC 额定工作电压通常为 AC 220V，在采用三相三线制供电系统时，必须加设 380V/220V 电源变压器，为 PLC 提供工作电源。即使在三相四线制供电系统中，为防止电网中干扰信号对 PLC 的影响，也加设 220V/220V 电源隔离变压器，以保证系统工作稳定。

（2）中间继电器的合理使用

一般小型 PLC 输出继电器工作触点，其额定工作电压不超过 AC 220V，额定工作电流仅为 2A。显然，该触点不能直接驱动额定电压为 380V 的接触器电磁线圈，也不能直接驱动大容量接触器电磁线圈。以 CJX2 系列接触器为例，其主触点额定容量在 32A 及以上时，即使线圈额定电压为 220V，也不宜采用 PLC 输出继电器工作触点直接驱动。否则将大大减小 PLC 的使用寿命。正确的使用方法是：通过 PLC 的输出触点控制小型中间继电器的电磁线圈，然后再由其工作触点控制主电路接触器的通断。

▶▶▶ **操作指导**

1．绘制控制电路原理图

根据学习任务绘制控制电路原理图，系统采用 S7-200 CPU224 AC/DC/RLY 型 PLC，改进型 Y-△降压启动 PLC 控制电路如图 4-10 所示。

2．安装电路

（1）检查元器件

根据表 4-1 配齐元器件，检查元器件的规格是否符合要求，检测元器件的质量是否完好。

（2）固定元器件

按照元器件规划位置，安装 DIN 导轨及走线槽，固定元器件。

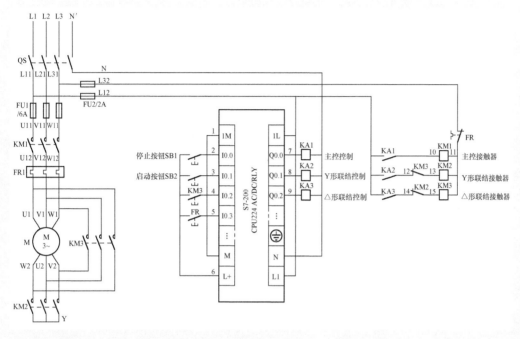

图 4-10　改进型 Y-△降压启动 PLC 控制电路

（3）配线安装

根据配线原则及工艺要求，对照原理图进行配线安装。主回路采用 1.5mm^2 蓝色导线，控制回路采用 1mm^2 黑色导线。除注明外，控制回路导线采用数字序号统一编号。

① 板上元器件的配线安装。

② 外围设备的配线安装。电源进线及电动机均通过一次回路接线端子 TX1 后与主板相接，输入控制按钮通过二次回路接线端子 TX2 与主板相接。

3．自检

（1）检查布线

对照原理图检查是否掉线、错线，是否漏编、错编，接线是否牢固等。

（2）用万用表检测

用万用表检测安装的电路，应按先一次主回路，后二次控制回路的顺序进行。

主回路重点检测 L1、L2、L3 之间的电阻值，在断路器断开及接触器处于常态时，阻值均为无穷大；断路器接通并压下接触器时，为电动机绕组的阻值（零点几至几欧）。控制回路检测时，应重点检查 PLC 配线是否正确，输入回路及输出回路之间是否可靠隔离。

4．编辑控制程序

在装有 STEP7-Micro/WIN V4.0 SP6 编程软件的计算机上，编辑 PLC 控制程序并编译后保存为"*.mwp"文件备用。图 4-11（a）所示是三相异步电动机通用型 Y-△降压启动 PLC 控制梯形图程序，图 4-11（b）所示是与之对应的指令表程序。

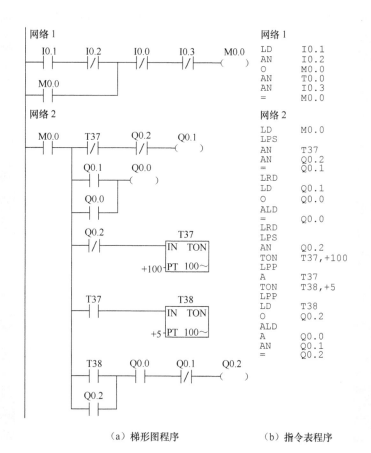

（a）梯形图程序　　　（b）指令表程序

图 4-11　改进型 Y-△降压启动 PLC 控制程序

编程元件的地址分配如下。

（1）输入输出继电器的地址分配见表 4-6

表 4-6　输入输出继电器的地址分配

编程元件	I/O 端子	电路器件	作　　用
输入继电器	I0.0	SB1	停止按钮
	I0.1	SB2	启动按钮
	I0.2	KM3	动合触点
	I0.3	FR	动合触点
输出继电器	Q0.0	KA1	主控接触器线圈控制
	Q0.1	KA2	Y 形连接用接触器线圈控制
	Q0.2	KA3	△形连接用接触器线圈控制

（2）其他编程元件的地址分配见表 4-7

表 4-7　其他编程元件的地址分配

编程元件	编程地址	PT 值	作　用
定时器（100ms 通用型）	T37	50	Y 形连接时间设定（5s）
	T38	5	消除电弧短路时间设定（0.5s）
位存储器	M0.0	—	启动自锁

简要说明：在 I/O 配线图中，△形全压运行接触器 KM3 和热保护继电器的动合触点，作为负载动作信号接于 PLC 的输入端。输出端外部保留 Y 形和△形接触器线圈的硬互锁环节。

在改进型 Y-△降压启动 PLC 控制程序梯形图中，与输入信号 KM3 触点对应的动断触点 I0.2，串接于与启动按钮 SB2 对应的动合触点 I0.1 后，构成启动条件，也称启动自锁。当接触器 KM3 发生故障，例如主触点灼伤粘连或衔铁卡死断不开时，输入端 KM3 触点就处于闭合状态，相应的触点 I0.2 则为断开状态。这时即使按下启动按钮 SB2（I0.1 闭合），M0.0 也不会有输出，系统不能进入运行状态，作为负载的 KM1 就无法通电动作，从而有效防止了电动机出现三角形直接全压启动的情况。

在上述程序执行过程中，定时器 T37 延时 10s，为 Y 形启动所需的时间；定时器 T38 延时 0.5s，用以消除电弧短路。在梯形图中还设置了 Q0.1 和 Q0.2 之间的软互锁，电动机在全压正常运行时，T37、T38 和 Q0.1 都停止工作，只有 Q0.0 和 Q0.2 有输出，保证外电路只有 KM1 和 KM3 通电工作。

比较任务一及任务二的两种程序设计结构，前者使用的是简单启—保—停编程方法，后者使用了 S7-200 系列 PLC 的栈操作指令。在具有多种工作模式的控制系统中，如需要进行手动与自动模式编程时，栈操作指令可使程序结构大为简化。

5．程序下载

（1）在 PLC 断电状态下，用 USB/ PPI 电缆连接计算机与 S7-200 CPU224 AC/DC/RLY 型 PLC。

（2）合上控制电源开关 QS，将运行模式选择开关拨到 STOP 位置，通过软件将编制好的控制程序下载到 PLC。

注意：一定要在断开 QS 的情况下插拔适配电缆，否则极易损坏 PLC 通信接口。

6．运行改进型 Y-△降压启动 PLC 控制程序

（1）将运行模式选择开关拨到 RUN 位置，使 PLC 进入运行方式。

（2）根据任务分析要求，操作 SB1、SB2 等按钮，观察接触器 KM1、KM2、KM3 的工作状态及电动机 M 的工作情况。

（3）在正常运行状态下，按下热保护继电器 FR 的试验按钮，系统应全部复位。

（4）在复位状态下，用改锥压下 KM3 的衔铁机构，按 SB2，系统不能启动。

满足上述控制要求即表明程序运行正常。

▶▶▶ **课后思考**

（1）在图 4-10 所示的控制电路中，如果电动机过载，FR 触点动作，系统有何变化？PLC 有无反应？与任务一有何区别？

（2）在图 4-11 所示的 Y-△形降压启动 PLC 控制程序中，T38 的作用是什么？其值是否越大越好？

（3）在图 4-10 所示的控制电路中，KM1、KM2、KM3 分别是什么型号？CJX2-1210/220V 与 CJX2-1201/220V 有什么区别？为什么 KM3 要外加辅助触头？

任务三　PLC 软启动器降压启动控制

▶▶▶ 任务目标

（1）会设计并绘制软启动器降压启动电路原理及安装图。

（2）会安装及检测 PLC 软启动器降压启动电路。

（3）能根据软启动器使用说明书正确设置其运行模式及运行参数。

（4）学习编制 PLC 软启动器降压启动应用程序，并正确完成下载、运行、调试及监控。

▶▶▶ 任务分析

用 S7-200 CPU224 AC/DC/RLY 型 PLC、NJR2-7.5D 软启动器、按钮、热继电器和接触器等构成 PLC 软启动器降压启动电路。控制要点是一拖二，即用一台软启动器控制两台电动机 M1 及 M2 的启动及停止。由于软启动器产品仅用在大容量场所，所选 NJR2-7.5D 额定负载为 7.5kW。为任务实施方便，电动机仍采用 0.75kW 实验电动机，主回路器件按实验电动机选型。PLC 软启动器降压启动电路硬件布局如图 4-12 所示。

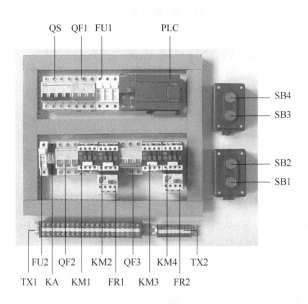

图 4-12　PLC 软启动器降压启动电路硬件布局（不含 NJR2-7.5D）

系统控制要求如下。

1. M1 软启动

按下启动按钮 SB2，电动机 M1 通过软启动器与电网相联降压启动。其工作电压由低到高逐步提升，电动机加速运转。

2．全压运行

软启动结束后，旁路接触器通电工作，电动机 M1 全压运行。

3．M2 软启动

按下启动按钮 SB4，电动机 M2 通过软启动器与电网相联降压启动。其工作过程同 M1。

4．停止控制

按下停止按钮 SB1，电动机 M1 停止运转。按下停止按钮 SB3，电动机 M2 停止运转。

5．互锁控制

软启动器只能对一台电动机实施软启动。当其中一台处于启动状态时，另一台无法启动，且要求两台电动机的启动间隔时间为 2min。

6．保护措施

系统具有必要的过载保护和短路保护。

▶▶▶ **相关知识**

软启动器是通过控制串接于电源与被控电动机之间的三相反并联晶闸管的导通角，使电动机的端子电压从预先设定的值上升到额定电压，以达到电动机在启动过程中减小电流平稳启动的目的，属于降压启动的范畴。在实现三相交流异步电动机（笼型）的软启动、软停止功能的同时，软启动器还具有过载、输入缺相、输出缺相、工艺过流、工艺欠电流、过电压、欠电压等多项可选保护功能，是传统结构 Y-△形、自藕降压启动等最理想的更新换代产品。图 4-13 所示是正泰 NJR2 系列软启动器在某污水处理系统中的应用实例。

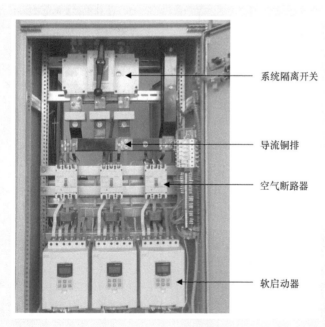

系统隔离开关

导流铜排

空气断路器

软启动器

图 4-13　软启动器应用实例

1．软启动器基本接线原理

NJR2 系列软启动器基本接线原理如图 4-14 所示。利用晶闸管的电子开关作用，通过微处理器控制触发角的变化来改变晶闸管的导通角，由此来改变电动机输入电压的大小，以达到电动机软启动的目的。当启动完成后，软启动器输出达到额定电压。这时控制三相旁路接触器吸合，将电动机投入电网运行，晶闸管停止工作。使用时应注意如下几点。

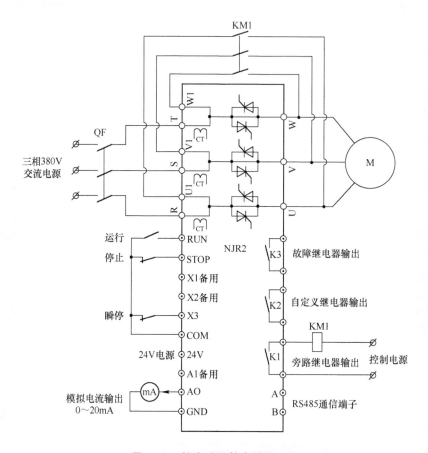

图 4-14 软启动器基本接线原理

（1）K3 故障继电器在软启动器断电状态下时是常闭的，上电后如没有故障是常开的，有故障时是闭合的。

（2）当用外部端子控制时，上电后必须检测到 RUN 端子信号由断开变成闭合时才会启动软启动器。

（3）外接旁路接触器时，必须要求接触器每一极的输入 U1、V1、W1 与输出 U、V、W 一一对应，如果接线不正确，软启动器在切至旁路时会造成电源短路，以致烧坏整个系统。

2．NJR2 系列软启动器接线端子定义

（1）主电路端子定义

主电路端子定义见表 4-8。

表 4-8　主电路端子定义

端子代号	功　能
R、S、T	三相交流电源输入端子
U1、V1、W1	旁路接触器输入主端子
U、V、W	旁路接触器输出主端子，即软启动器输出主端子，接至电动机

（2）控制端子定义

控制端子定义见表 4-9。

表 4-9　控制端子定义

开关量	端子代号	功　能	说　明
输入	RUN	运行端子	与 COM 端子可进行两线、三线控制
	STOP	停止/复位端子	
	X1、X2	备用	
	X3	瞬停端子	出厂时与 COM 端子短接；当该端子断开时，停止输出，并且报"瞬停端子开路"故障。
	COM	开关量公共端	
电源	24V	24V 电源	对 COM 端输出 24V/50mA 电源
模拟量	AO	模拟输出	4 倍额定电流对应输出 20mA
	A1	备用	
	GND	模拟量公共端	
继电器输出	K1	旁路继电器	控制旁路接触器，触点容量 5A 250VAC
	K2	可编程继电器	
	K3	故障继电器	当有故障时该继电器动作
通信接口	A、B	RS485 通信接口	

3．软启动器的控制模式

用户可根据需要，通过软启动器面板设置操作控制方式。只有外部端子控制允许时，输入端子 RUN、STOP 与 COM 之间的开关状态才有效。此时，外控方式有两线控制方式和三线控制方式，具体接法如图 4-15 所示。

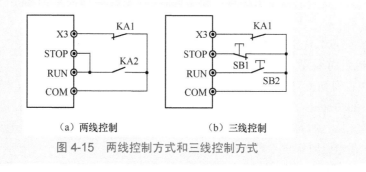

（a）两线控制　　　　（b）三线控制

图 4-15　两线控制方式和三线控制方式

（1）两线控制

如图 4-15（a）所示的接线，当 KA1 在常闭状态下，KA2 闭合时运行，KA2 断开时停止，断开 KA1 后瞬停。如果不需要瞬停控制，X3 应与 COM 端子短接。

（2）三线控制

如图 4-15（b）所示的接线，当 KA1 在常闭状态下，按下 SB2（脉冲信号）时运行，按下 SB1（脉冲信号）后停止，断开 KA1 后瞬停。

4．NJR2 系列软启动器的典型应用线路

图 4-16 给出了 NJR2 系列软启动器的典型应用线路。按此接法时，KA1 闭合启动，断开停止；如果按三线制控制方式，此方式可省去 KA1 中间继电器。

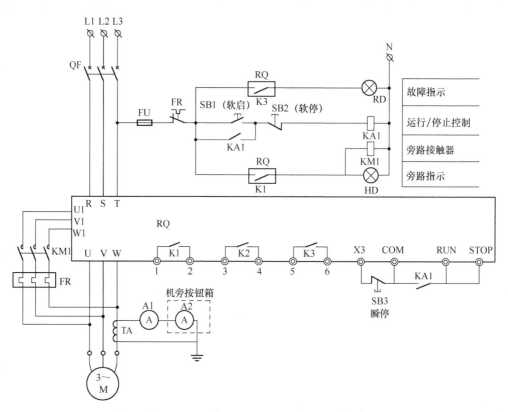

图 4-16　NJR2 系列软启动器的典型应用线路

此外，由于软启动器中旁路继电器 K1 最大输出能力只有 8～10A，不能直接控制大功率的交流接触器，对于大于 167A 的交流接触器，建议用中间继电器。FR 热保护继电器可不加（软启动本身有过载保护功能）。

5．断电延时编程

S7-200 系列 PLC 中的定时器，有通电延时、有记忆通电延时、断电延时 3 种类型定时器。通电延时器的功能是，当输入条件满足时，定时器计时，计时时间到，触点动作；输入断开时，定时器复位，所有触点均恢复为常态。如果需要，也可以采用通电延时定时器进行断电延时编程。断电延时编程原理如图 4-17 所示。

当 I0.2 为 ON 时，其动合触点闭合，位存储器 M1.0 接通延时并自保持，但定时器 T37 却不能接通。只有当 I0.2 断开后，且断开时间达到设定值 PT=1200，M1.0 才由 ON 变为 OFF，实现了断电延时功能。

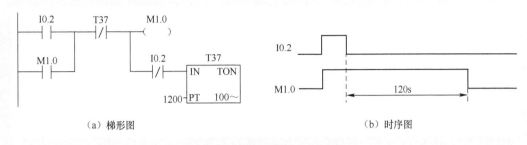

（a）梯形图　　　　　　　　　　（b）时序图

图 4-17　断电延时编程原理

▶▶▶ 操作指导

1. 绘制控制原理图及接线图

根据学习任务绘制控制电路原理图，参考电路原理（见图 4-18），根据电路图绘制接线图，合理规划元器件位置。PLC 尽可能水平放置，并与周围的元器件保持适当距离。其中，电动机、软启动器、按钮与电路板联接时，主回路与控制回路应分别通过 TD-20/20 及 TD-15/10 两个接线端子进行连接。

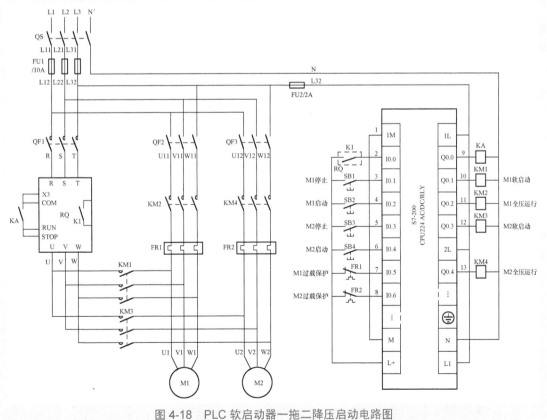

图 4-18　PLC 软启动器一拖二降压启动电路图

2．安装电路

（1）检查元器件

根据表 4-1 配齐元器件，检查元器件的规格是否符合要求，检测元器件的质量是否完好。

（2）固定元器件

按照元器件规划位置，安装 DIN 导轨及走线槽，固定元器件。

（3）配线安装

根据配线原则及工艺要求，对照原理图进行配线安装。

① 板上元器件的配线安装。

② 外围设备的配线安装。

3．自检

（1）检查布线

对照原理图检查是否掉线、错线，是否漏编、错编，接线是否牢固等。

（2）用万用表检测

用万用表检测安装的电路，应按先一次主回路，后二次控制回路的顺序进行。

主回路重点检测 L1、L2、L3 至接触器每一极的输入及软启动器 R、S、T 是否一一对应，接触器输出与软启动器 U、V、W 是否一一对应。

控制回路检测时，应重点检查 PLC 配线中的输入回路 K1 及输出元器件 KA 接法是否正确，输入回路及输出回路之间是否可靠隔离。

4．控制程序编制

采用启—保—停电路设计的 PLC 软启动器一拖二降压启动电路控制程序，其梯形图程序及指令表如图 4-19 所示。

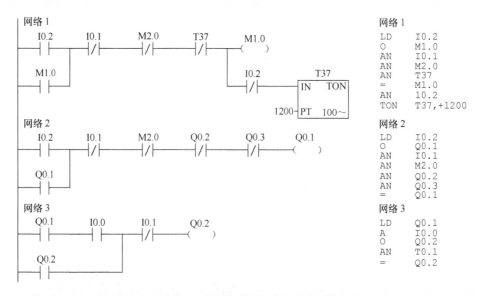

图 4-19　PLC 软启动器一拖二降压启动控制程序

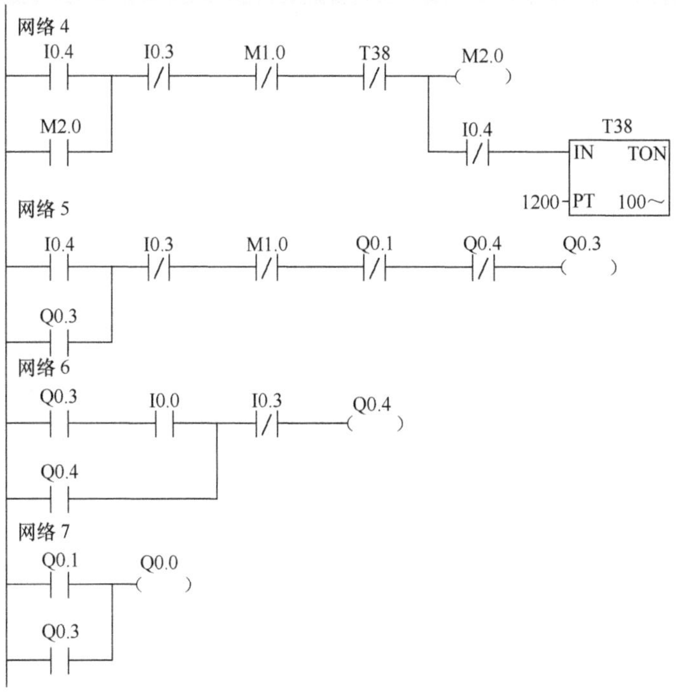

网络4

```
网络4
LD    I0.4
O     M2.0
AN    I0.3
AN    M1.0
AN    T38
=     M2.0
AN    I0.4
TON   T38,+1200
```

网络5

```
网络5
LD    I0.4
O     Q0.3
AN    I0.3
AN    M1.0
AN    Q0.1
AN    Q0.4
=     Q0.3
```

网络6

```
网络6
LD    Q0.3
A     I0.0
O     Q0.4
AN    I0.3
=     Q0.4
```

网络7

```
网络7
LD    Q0.1
O     Q0.3
=     Q0.0
```

（a）梯形图　　　　　　　　　　　（b）指令表

图 4-19　PLC 软启动器一拖二降压启动控制程序（续）

编程元件的地址分配介绍如下。

（1）输入输出继电器的地址分配见表 4-10

表 4-10　输入输出继电器的地址分配

编程元件	I/O 端子	电路器件	作用
输入继电器	I0.0	RQ 输出触点 K1	软启动
	I0.1	SB1	M1 停止按钮
	I0.2	SB2	M1 启动按钮
	I0.3	SB3	M2 停止按钮
	I0.4	SB4	M2 启动按钮
	I0.5	FR1	M1 过载保护
	I0.6	FR2	M1 过载保护
输出继电器	Q0.0	KA	软启动控制
	Q0.1	KM1	M1 软启动
	Q0.2	KM2	M1 全压运行
	Q0.3	KM3	M2 软启动
	Q0.4	KM4	M2 全压运行

（2）其他编程元的件地址分配见表 4-11

表 4-11 其他编程元件的地址分配

编程元件	编程地址	PT 值	作 用
定时器 （100ms 通用型）	T37	1200	时间设定（120s）
	T38	1200	时间设定（120s）
位存储器	M1.0	—	
	M2.0	—	

5．程序下载

（1）在 PLC 断电状态下，用 USB/ PPI 电缆连接计算机与 S7-200 CPU224 AC/DC/RLY 型 PLC。

（2）合上控制电源开关 QS，将运行模式选择开关拨到 STOP 位置，通过软件将编制好的控制程序下载到 PLC。

注意：一定要在断开 QS 的情况下插拔适配电缆，否则极易损坏 PLC 通信接口。

6．通电运行调试

操作 SB1、SB2、SB3、SB4，观察是否满足任务要求。在监视模式下对比观察各编程元件及输出设备运行情况并做好记录。

▶▶▶ **课后思考**

（1）软启动器中有热过载保护元件，图 4-16 及图 4-18 中的热过载继电器是否均可以省去不接？

（2）软启动器是否适用于重载启动场合？

（3）图 4-18 中，KM1 与 KM2 之间是否需要互锁控制？如两者意外同时吸合，系统有无危险？

 **目评价**

考核项目	考 核 要 求	配分	评 分 标 准	（按任务）评分		
				一	二	三
元器件安装	① 合理布置元器件； ② 会正确固定元器件	10	① 元器件布置不合理每处扣 3 分； ② 元器件安装不牢固每处扣 5 分； ③ 损坏元器件每处扣 5 分			
线路安装	① 按图施工； ② 布线合理、接线美观； ③ 布线规范、无线头松动、压皮、露铜及损伤绝缘层	40	① 接线不正确扣 30 分； ② 布线不合理、不美观每根扣 3 分； ③ 走线不横平竖直每根扣 3 分； ④ 线头松动、压皮、露铜及损伤绝缘层每处扣 5 分			
编程下载	① 正确输入梯形图； ② 正确保存文件； ③ 会转换梯形图； ④ 会传送程序	30	① 不能设计程序或设计错误扣 10 分； ② 输入梯形图错误一处扣 2 分； ③ 保存文件错误扣 4 分； ④ 转换梯形图错误扣 4 分； ⑤ 传送程序错误扣 4 分			

续表

考核项目	考 核 要 求	配分	评 分 标 准	（按任务）评分		
				一	二	三
通电试车	按照要求和步骤正确检查、调试电路	20	通电调试不成功每次扣 5 分			
安全生产	自觉遵守安全文明生产规程	—	发生安全事故，0 分处理			
时间	5h	—	提前正确完成，每 10min 加 5 分；超过定额时间，每 5min 扣 2 分			
综合成绩（此栏由指导教师填写）						

注：任务一线路安装配分为 70 分，无编程下载项配分。

习　题

1．波形如图 4-20 所示，设计相应的 PLC 控制梯形图。

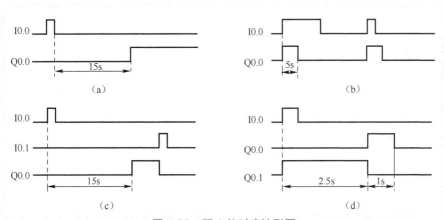

图 4-20　题 1 的时序波形图

2．设计彩灯控制的 PLC 系统，控制要求如下。

（1）使用一个按钮 SB，作为彩灯启动按钮。

（2）当按下启动按钮 SB，依次输出 Q0.0～Q0.3，彩灯 HL0～HL3 就间隔 1s 依次点亮。

（3）至彩灯 HL0～HL3 全部点亮时，继续维持 3s，此后全部熄灭。

（4）彩灯熄灭后，HL0～HL3 同时开始闪烁，灭 0.5s，亮 0.5s，闪烁状态维持 5s，然后再自动重复下一轮循环。

3．喷水池花式喷水控制程序设计，其设计要求如下。

（1）喷水池中喷嘴为高水柱，周围为低水柱开花式喷嘴。

（2）按启动按钮，喷水开始，其工作过程为：高水柱 3s、停 1s，低水柱 2s、停 1s，双水柱 1s、停 1s，如此循环工作。

（3）按下停止按钮，停止工作。

4．如果要实现一拖三的降压软启动控制，PLC 应如何编程？

项目五

数字量控制系统的 4 种编程方法及应用

项目情境

数字量控制系统又称开关量控制系统，本书前几个项目中所涉及的各种 PLC 控制实例，都属于此类系统。本项目在总结"经验"编程法的基础上，重点介绍顺序功能图的绘制方法以及顺序控制继电器（SCR）指令的具体运用。针对数字量控制系统程序编制的 4 种方法，通过与之对应的 4 个学习任务的学习，读者可以对 PLC 控制系统的程序结构有一个比较全面的认识。

项目实施节奏

教师根据学生掌握电气及 PLC 基本技能的熟练程度，结合器材准备情况，将全班同学按项目任务分成相应的 4 个大组，每个大组包含若干个学习小组，各小组成员以 2～3 名为宜。除相关知识讲授及集中点评外，4 个学习任务可分散同步进行，建议完成时间为 24 学时。

任　　务	相关知识讲授	分组操作训练	教师集中点评
一	0.5h	5h	0.5h
二	1h	4.5h	0.5h
三	1h	4.5h	0.5h
四	1h	4.5h	0.5h

项目所需器材

学习所需的全部工具、设备见表 5-1。根据所选学习任务的不同，各小组领用器材略有区别，详见表中备注。

表 5-1　工具、设备清单

序号	分类	名　　称	型号规格	数量	单位	备注
1	任务一设备	PLC	S7-200 CPU224 AC/DC/RLY	1	台	
2		编程电缆	PC/PPI 或 USB/PC/PPI	1	根	
3		小型断路器	DZ47-63 D10/4P	1	只	
4		熔断器	RT18-32/6A	9	套	
5		熔断器	RT18-32/2A	1	套	

续表 5-1

序号	分类	名　　称	型 号 规 格	数量	单位	备注
6	任务一设备	交流接触器	CJX2-1210,220V	3	台	
7		热继电器	NR2-11.5 1.6～2.5A	3	台	
8		按钮	LA4-2H	1	只	
9		指示灯	NP2- ND16-22BS/2～24V（绿）	3	只	
10		控制变压器	BK-25　220V/24V	1	台	
11		三相异步电动机	0.75kW 380V/△形连接	3	台	
12	任务二设备	PLC	S7-200 CPU224 AC/DC/RLY	1	台	
13		编程电缆	PC/PPI 或 USB/PC/PPI	1	根	
14		小型断路器	DZ47-63 D10/4P	1	只	
15		熔断器	RT18-32/6A	3	套	
16		熔断器	RT18-32/2A	1	套	
17		交流接触器	CJX2-1201,220V	2	台	
18		热继电器	NR4-63 1.6～2.5A	1	台	
19		按钮	NP2-BA31	1	只	
20		行程开关	YBLX-19/111	2	只	
21		三相异步电动机	0.75kW 380V/△形连接	1	台	
22	任务三设备	PLC	S7-200 CPU224 AC/DC/RLY	1	台	
23		编程电缆	PC/PPI 或 USB/PC/PPI	1	根	
24		小型断路器	DZ47-63 C10/4P	1	只	
25		熔断器	RT18-32/6A	3	套	
26		熔断器	RT18-32/2A	1	套	
27		交流接触器	CJX2-1201,220V	2	台	
28		热继电器	NR4-63 1.6～2.5A	1	台	
29		主令开关	NP2-BD21	1	只	
30		三相异步电动机	0.75kW 380V/△形连接	1	台	
31	任务四设备	PLC	S7-200 CPU224 AC/DC/RLY	1	台	
32		编程电缆	PC/PPI 或 USB/PC/PPI	1	根	
33		小型断路器	DZ47-63 C10/2P	1	只	
34		熔断器	RT18-32/2A	1	套	
35		按钮	NP2-BA31	1	只	
36		指示灯	ND16-22BS/2～24V（红）	1	只	
37		指示灯	ND16-22BS/2～24V（绿）	1	只	
38	工具及辅材	编程电脑	配备相应软件	1	台	工具及辅材适用于所有学习任务
39		常用电工工具	—	1	套	
40		万用表	MF47	1	只	
41		主回路端子板	TD-20/20	1	条	
42		控制回路端子板	TD-15/10	1	条	
43		三相四线电源插头（带线）单相电源插头（带线）	16A	各1	根	
44		安装板	600mm×800mm 金属网板或木质高密板	1	块	
45		DIN 导轨	35mm	0.5	m	
46		走线槽	TC3025	若干	m	
47		控制回路导线	BVR 1mm^2 黑色	若干	m	
48		主回路导线	BVR 1.5mm^2 蓝色	若干	m	
49		尼龙绕线管	ϕ8mm	若干	m	
50		螺钉	—	若干	颗	
51		号码管、编码笔	—	若干		

任务一 采用"经验"编程法实现皮带运输机的顺序控制

▶▶▶ **任务目标**

（1）进一步学习各种位控指令的编程技巧。

（2）掌握"经验"编程法的运用法则，并能由此正确设计一般顺序控制应用程序。

（3）理解并掌握 PLC 输出继电器分组使用时，多个输出公共端子的作用。

▶▶▶ **任务分析**

带运输机的 3 条输送带，分别由 3 台电动机 M1、M2、M3 驱动，如图 5-1 所示。图 5-2 所示为控制时序图。

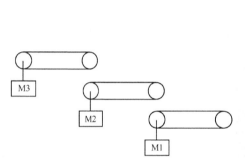

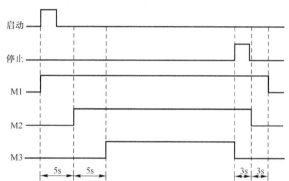

图 5-1 带运输机的工作示意图　　　　图 5-2 带运输机顺序控制时序

带运输机控制电路硬件布局如图 5-3 所示。系统设总隔离开关 QS，每台电动机的主电路由断路器（QS1～3）、熔断器（FU1～3）、接触器（KM1～3）的常开主触点，热继电器（FR1～3）的热元件以及电动机组成。控制电路由熔断器 FU0、控制变压器 TC、PLC、停止按钮 SB1、启动按钮 SB2、接触器线圈及热继电器的常闭触点、电动机工作指示灯 HL1～HL3 等构成三相异步电动机的控制电路。控制要求如下。

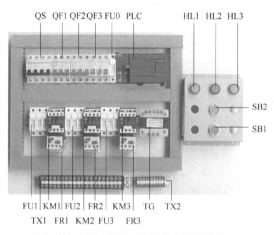

图 5-3 带运输机控制电路硬件布局

1．启动控制

按启动按钮 SB2 后，启动时顺序为 M1、M2、M3，间隔时间为 5s。

2．停止控制

按停止按钮 SB1 后，停车时的顺序为 M3、M2、M1，间隔时间为 3s。

3．工作指示

3 台电动机 M1、M2、M3 分别通过接触器 KM1、KM2、KM3 接通三相交流电源，用 PLC 控制接触器的线圈（额定电压～220V），同时用 HL1、HL2、HL3（额定电压～24V）作运行指示。指示灯工作电源由控制变压器 TC 提供。

4．保护措施

系统具有必要的过载保护和短路保护。

▶▶▶ **相关知识**

1．"经验"编程法的设计基础

前述各项目中的控制实例，编程时应用的方法称为"经验"编程法，也就是依据编程者的设计经验进行编程的方法，主要基于以下几点。

① PLC 的编程，从梯形图来看，其根本点是找出符合控制要求的系统各个输出的工作条件，这些条件又总是用机内各种器件按一定的逻辑关系组合来实现的。

② 梯形图的基本模式为启—保—停电路。每个启—保—停电路一般只针对一个输出，这个输出可以是系统的实际输出，也可以是中间变量。

③ 梯形图编程中有一些约定俗成的基本环节，这些基本环节都有一定的功能，可以在许多地方借用。

2．"经验"编程法的编程步骤

在编制前述各例程序的基础上，现将"经验"编程法编程步骤总结如下。

① 在准确了解控制要求后，合理地为控制系统中的事件分配输入输出端。选择必要的机内器件，如定时器、计数器、辅助继电器。

② 对于一些控制要求较简单的输出，可直接写出它们的工作条件，依据启—保—停电路模式完成相关的梯形图支路。工作条件稍复杂的可借助辅助继电器。

③ 对于较复杂的控制要求，为了能用启—保—停电路模式绘出各输出端的梯形图，要正确分析控制要求，并确定组成总的控制要求的关键点。在空间类逻辑为主的控制中，关键点为影响控制状态的点。在时间类逻辑为主的控制中，关键点为控制状态转换的时间。

④ 将关键点用梯形图表达出来。关键点总是用机内器件来代表的，应考虑并安排好。绘制关键点的梯形图时，可以使用常见的基本环节，如定时器计时环节、振荡环节、分频环节等。

⑤ 在完成关键点梯形图的基础上，针对系统最终的输出进行梯形图的编绘。使用关键点综合出最终输出的控制要求。

⑥ 审查以上的草图，并在此基础上补充遗漏的功能，更正错误，进行最后的完善。

采用"经验"编程法编程时，通常沿用设计继电器电路图的方法来设计比较简单的数字量控制系统梯形图，即在一些典型电路的基础上，根据被控对象对控制系统的具体要求，不断地修改和完善梯形图。有时需要多次反复地调试和修改梯形图，增加一些中间编程元件和触点，最后才能得到一个较为满意的结果。在设计过程中如发现初步的设计构想不能实现控制要求时，可换个角度试一试。当设计经验多起来时，经验法就会得心应手了。

需要说明的是"经验"编程法没有普遍的规律可以遵循，具有很大的试探性和随意性，最后的结果不是惟一的，编程所用的时间、程序编制的质量与设计者的经验有很大的关系。"经验"编程法一般只适用于较简单的梯形图的设计。

3．"经验"编程法设计实例

三相绕线式异步电动机可以通过滑环在转子绕组中串接外加电阻，以此来减小启动电流，提高转子电路的功率因数，增加启动转矩，并且还可通过改变所串的电阻大小进行调速。图 5-1 所示是某三相绕线式异步电动机主回路和自动加速的继电器控制电路图。

串接在三相转子绕组中的启动电阻，一般都接成 Y 形。如图 5-4（a）所示，当主接触器 KM 闭合时，电动机开始低速运行，启动电阻 R1、R2、R3 全部接入，以减小启动电流，保持较高的启动转矩。随着启动过程的进行，按下 SB1，加速开始，KM1、KM2、KM3 依次吸合，启动电阻被逐段短接。启动完毕时，启动电阻全部被切除，电动机在额定转速下运行。图 5-4（b）所示是自动加速的继电器控制电路，主接触器 KM 的控制电路在图中没有给出。

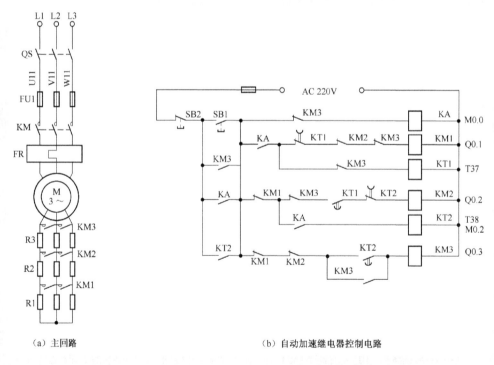

（a）主回路 （b）自动加速继电器控制电路

图 5-4 三相绕线式异步电动机自动加速继电器控制电路

图 5-5 所示是实现三相绕线式异步电动机自动加速功能的 PLC 控制系统的外部接线图和梯形图。

继电器电路图中的交流接触器和电磁阀等执行机构如采用 PLC 的输出位来控制，线圈接在 PLC 的输出端。按钮、控制开关、限位开关、光电开关等用来给 PLC 提供控制命令和反馈信号，触点接在 PLC 的输入端，一般使用常开触点。继电器电路图中的中间继电器和时间

继电器 [如图 5-4（b）中的 KA、KTl 和 KT2] 的功能用 PLC 内部的存储器位和定时器来完成，与 PLC 的输入位、输出位无关。

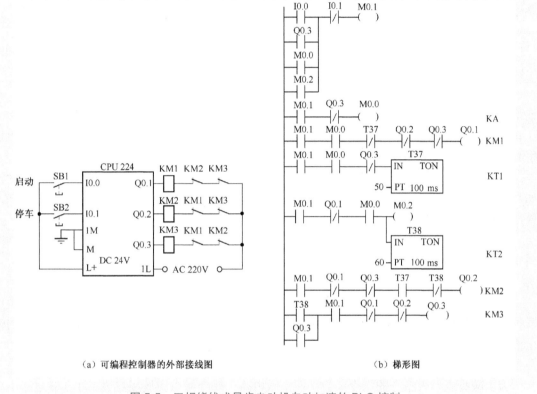

（a）可编程控制器的外部接线图　　　　　　　　　（b）梯形图

图 5-5　三相绕线式异步电动机自动加速的 PLC 控制

图 5-4（b）中左边的时间继电器 KT2 的触点是瞬动触点，即该触点在 KT2 的线圈通电的瞬间接通。在梯形图中，在与 KT2 对应的 T38 功能块的输入端并联有 M0.2 的线圈，用 M0.2 的常开触点来模拟 KT2 的瞬动触点。

4．注意事项

在编程时应注意梯形图与继电器电路图的区别。梯形图是一种软件，是 PLC 图形化的程序。在继电器电路图中，各继电器可以同时动作，而 PLC 的 CPU 是串行工作的，即 CPU 同时只能处理 1 条指令。根据继电器电路图，设计 PLC 的外部接线图和梯形图时应注意以下问题。

（1）应遵守梯形图语言中的语法规定

在继电器电路图中，触点可以放在线圈的左边，也可以放在线圈的右边，但是在梯形图中，线圈必须放在电路的最右边。

对于图 5-4（b）中控制 KMl 和 KTl 线圈那样的电路，即两条包含触点和线圈的串联电路并联，如果用语句表编程，需使用逻辑入栈（LPS）、逻辑读栈（LRD）和逻辑出栈（LPP）指令。可以将各线圈的控制电路分开来设计，如图 5-5（b）所示，以简化程序结构。若直接用梯形图语言编程，可以不考虑这个问题。

（2）设置中间单元

在梯形图中，若多个线圈都受某一触点串并联电路的控制，为了简化电路，在梯形图中可以设置用该电路控制的存储器位［如图 5-5（b）中的 M0.1］，类似于继电器电路中的中间继电器。

（3）尽量减少 PLC 的输入信号和输出信号

PLC 的价格与 I/O 点数有关，每一输入信号和每一输出信号分别要占用一个输入点和一个输出点，因此减少输入信号和输出信号的点数是降低硬件费用的主要措施。

与继电器电路不同，一般只需要同一输入器件的一个常开触点给 PLC 提供输入信号，在梯形图中，可以多次使用同一输入位的常开触点和常闭触点。

在继电器电路图中，如果几个输入器件触点的串并联电路总是作为一个整体出现，可以将其作为 PLC 的一个输入信号，只占 PLC 的一个输入点。

某些器件的触点如果在继电器电路图中只出现一次，并且与 PLC 输出端的负载串联（例如有锁存功能的热继电器的常闭触点），不必将其作为 PLC 的输入信号，可以将其放在 PLC 外部的输出回路，仍与相应的外部负载串联。

继电器控制系统中某些相对独立且比较简单的部分，可以用继电器电路控制，这样同时减少了所需的 PLC 的输入点和输出点。

（4）设立外部联锁电路

为了防止控制正反转的两个接触器同时动作造成三相电源短路，应在 PLC 外部设置硬件联锁电路。图 5-4 中的 KM1～KM3 的线圈不能同时通电，除了在梯形图中设置与其对应的输出位的线圈串联的常闭触点组成的联锁电路外，还在 PLC 外部设置了硬件联锁电路。

（5）梯形图的优化设计

为了减少语句表指令的指令条数，在串联电路中单个触点应放在右边，在并联电路中单个触点应放在下面。在图 5-2（b）所示的梯形图 Q0.3 的控制电路中，并联电路被放在电路的最左边。

（6）外部负载的额定电压

PLC 的继电器输出模块和双向可控硅输出模块只能驱动额定电压 AC 220V 的负载，如果系统原来的交流接触器的线圈电压为 380V，应将线圈换成 220V 的，或设置外部中间继电器。

▶▶▶ **操作指导**

1．绘制控制电路原理图

根据学习任务绘制控制电路原理图，系统采用 S7-200 CPU224 AC/DC/RLY 型 PLC，其 I/O 接线如图 5-6 所示。

PLC 输出端子是分组使用的，每组共用一个公共端。在带运输机顺序控制的 I/O 接线图中，第一组采用 AC 220V 电源供电，相线由公共端"1L"引入，负载为 3 台电动机的主控接触器电磁线圈；第二组采用控制变压器 TC 提供的 AC 24V 电源供电，由公共端"2L"引入，负载为 3 台电动机的运行指示灯。

2．安装电路

（1）检查元器件

根据表 5-1 配齐元器件，检查元器件的规格是否符合要求，检测元器件的质量是否完好。

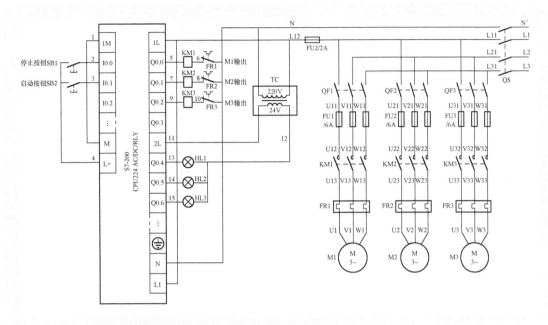

图 5-6　带运输机顺序控制的 I/O 接线图

（2）固定元器件

按照元器件规划位置，安装 DIN 导轨及走线槽，固定元器件。

（3）配线安装

根据配线原则及工艺要求，对照原理图进行配线安装。主回路采用 1.5mm^2 蓝色导线，控制回路采用 1mm^2 黑色导线。除注明外，控制回路导线采用数字序号统一编号

① 板上元器件的配线安装。

② 外围设备的配线安装。电源进线及电动机均通过一次回路接线端子 TX1 后与主板相接，输入控制按钮及电动机运行指示灯通过二次回路接线端子 TX2 与主板相接。

3．自检

（1）检查布线

对照原理图检查是否掉线、错线，是否漏编、错编，接线是否牢固等。

（2）用万用表检测

用万用表检测安装的电路，应按先一次主回路，后二次控制回路的顺序进行。

主回路重点检测 L1、L2、L3 之间的电阻值，检查时应从 M1 至 M3 逐一进行，在断路器断开及接触器处于常态时，阻值均为无穷大；断路器接通并压下接触器时，为电动机绕组的阻值（零点几至几欧）。

控制回路检测时，应重点检查 PLC 配线是否正确，控制变压器接线是否正确。

4．编辑控制程序

在装有 STEP7-Micro/WIN V4.0 SP6 编程软件的计算机上，编辑 PLC 控制程序并编译后保存为 "*.mwp" 文件备用。图 5-7（a）所示是三相异步电动机点动—长动 PLC 控制梯形图程序，图 5-7（b）所示是与之对应的指令表程序。

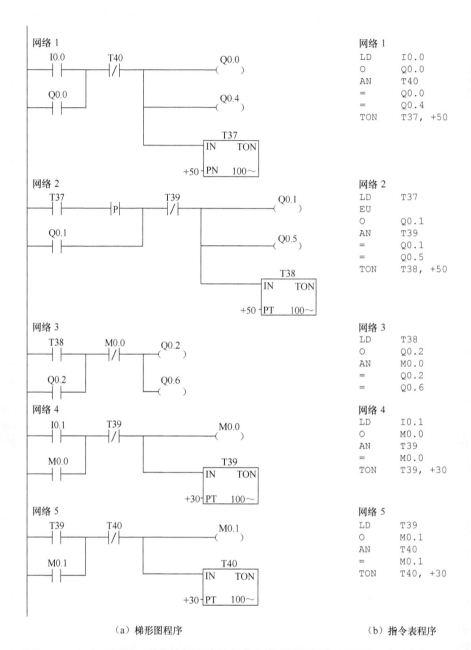

（a）梯形图程序　　　　　　　（b）指令表程序

图 5-7　带运输机顺序控制参考梯形图及指令表程序

编程元件地址分配如下。

（1）输入输出继电器的地址分配见表 5-2

表 5-2　输入输出继电器的地址分配

编程元件	I/O 端子	电路器件	作　　用
输入继电器	I0.0	SB1	启动按钮
	I0.1	SB2	停止按钮

编程元件	I/O 端子	电路器件	作　用
输出继电器	Q0.0	KM1	M1 接触器
	Q0.1	KM2	M2 接触器
	Q0.2	KM3	M3 接触器
	Q0.4	HL1	M1 运行指示
	Q0.5	HL2	M2 运行指示
	Q0.6	HL3	M3 运行指示

（2）其他编程元件的地址分配见表 5-3

表 5-3　其他编程元件的地址分配

编程元件	编程地址	PT 值	作　用
定时器 （100ms）	T37	50	启动时的第一段延时
	T38	50	启动时的第二段延时
	T39	30	停车时的第一段延时
	T40	30	停车时的第二段延时
位存储器	M0.0	—	停车时保持第一段延时
	M0.1	—	停车时保持第二段延时

5. 程序下载

① 在 PLC 断电状态下，用 USB/ PPI 电缆连接计算机与 S7-200 CPU224 AC/DC/RLY 型 PLC。

② 合上控制电源开关 QS，将运行模式选择开关拨到 STOP 位置，通过软件将编制好的控制程序下载到 PLC。

注意：一定要在断开 QS 的情况下插拔适配电缆，否则极易损坏 PLC 的通信接口。

6. 运行皮带运输机顺序控制参考程序

① 将运行模式选择开关拨到 RUN 位置，使 PLC 进入运行方式。

② 按下启动按钮 SB2，观察电动机 M1 是否立即启动运行，5s 后电动机 M2 能否自动启动运行，再经过 5s，电动机 M3 能否自动启动运行，如果电动机能够按照 M1、M2、M3 的顺序间隔 5s 依次启动运行，则顺序启动程序正确。

③ 拨下停止按钮 SB1，观察电动机 M3 是否立即停车，3s 后电动机 M2 能否自动停车，再经过 3s 后，电动机 MI 能否自动停车，如果电动机能够按照 M3、M2、M1 的顺序依次停车，则停止程序正确。

④ 再次按下启动按钮 SB2，如果系统能够重新按照 M1、M2、M3 的顺序依次启动运行，并能在按下停止按钮后按照 M3、M2、M1 的顺序依次停车，则程序调试结束。

▶▶▶ **课后思考**

针对如图 5-7 所示的带运输机顺序控制参考程序，思考并回答下述问题。

（1）对于定时器，如果选择的编程元件是 T33、T34、T35、T36，每个定时器的 PT 值应该是多少？

（2）如果启动间隔和停车间隔是相同的，可否只用两个定时器，使其不仅能完成启动时的时间间隔控制，又能完成停车时的时间间隔控制？

（3）在参考梯形图程序中，M0.0 及 M0.1 的作用是什么？

（4）在参考梯形图程序中，如果在 M0.0（M0.1）的线圈前，不串联 T39（T40）的动断触点时，会出现什么情况？

（5）网络 2 中，为什么在 T37 的后面加入"P"触点？取消该触点结果会怎样？

任务二　采用"启—保—停"编程法实现小车行程控制

▶▶▶ 任务目标

（1）掌握简单 PLC 控制系统顺序功能图的绘制方法。

（2）掌握"启—保—停"编程法的运用法则。

（3）会根据顺序功能图，采用"启—保—停"编程法编写及调试 PLC 控制程序。

▶▶▶ 任务分析

小车行程控制 PLC 控制电路硬件布局如图 5-8 所示，驱动电动机 M 正转时小车右行，反转时小车左行。电动机主回路由隔离开关 QS、熔断器 FU1、正转接触器 KM1、反转 KM2 的常开主触点，热继电器 FR 的热元件等组成。控制电路采用 S7-200 CPU224 AC/DC/RLY 型 PLC，输入输出电器元器件有启动按钮 SB、接触器线圈及热继电器的常闭触点、右限位开关 SQ1、左限位开关 SQ2 等。系统控制要求如下。

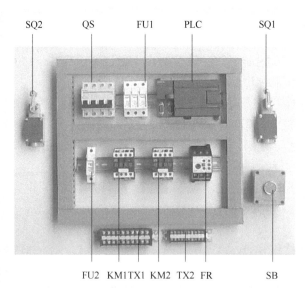

图 5-8　小车行程控制 PLC 控制电路硬件布局图

1. 启动右行

在停止状态，按启动按钮 SB，驱动电动机 M 启动正转，小车向右运动（简称右行）。

2. 右位暂停

小车右行至终点，碰到限位开关 SQ1（与 PLC 输入端 I0.1 相联）后，停在该处，PLC

内部计时器件 T37 开始计时。

3．左行返回

T37 计时时间到，驱动电动机 M 启动反转，小车向左运动（简称左行）。

4．左位暂停

小车左行至起点，碰到限位开关 SQ2（与 PLC 输入端 I0.2 相联）后，电动机停转，小车原位停止并等待下一次启动。

5．保护措施

系统具有必要的过载保护和短路保护。

小车运行示意图及根据控制要求绘制的顺序功能图如图 5-9 所示。其中 M0.0～M0.3 为 PLC 内部编程元件，分别用来表示并控制系统的 4 种不同运行状态。

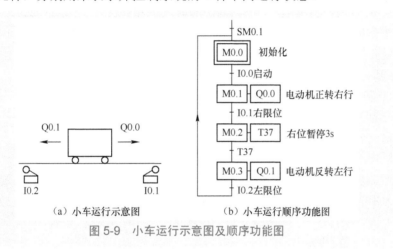

（a）小车运行示意图　　　（b）小车运行顺序功能图

图 5-9　小车运行示意图及顺序功能图

▶▶▶ **相关知识**

一、顺序控制设计法与顺序功能图（SFC）

1．顺序控制设计法

用"经验"编程法设计梯形图时，并没有一套固定的方法和步骤可以遵循，具有很大的试探性和随意性，对于不同的控制系统，没有一种通用的容易掌握的设计方法。在设计复杂系统的梯形图时，需要用大量的中间单元来完成记忆、联锁和互锁等功能，由于需要考虑的因素很多，而这些因素往往又交织在一起，分析起来非常困难，并且很容易遗漏一些应该考虑的问题。修改某一局部电路时，很可能会"牵一发而动全身"，对系统的其他部分产生意想不到的影响，因此梯形图的修改也很麻烦，往往花了很长的时间还得不到一个满意的结果。用"经验"法编制出的梯形图程序往往很难阅读，给系统的维修和改进带来了很大的困难。

所谓顺序控制，就是按照生产工艺预先规定的顺序，在各个输入信号的作用下，根据内部状态和时间的顺序，在生产过程中各个执行机构自动地有秩序地进行操作。使用顺序控制设计法时，首先根据系统的工艺过程，画出顺序功能图，然后根据顺序功能图画出梯形图。

顺序功能图（Sequential Function Chart），常称为状态流程图或状态转移图，是描述控制系统的控制过程、功能和特性的一种图形，也是设计 PLC 的顺序控制程序的有力工具。顺序功能图主要由步、有向连线、转换、转换条件和动作（或命令）组成。

2. 步与动作

（1）步的基本概念

顺序控制设计法最基本的思想是将系统的一个工作周期划分为若干个顺序相连的阶段，这些阶段称为步（Step），并用编程元件（例如位存储器 M 或顺序控制继电器 S）来代表各步。步是根据输出量的状态变化来划分的，在任何一步之内，各输出量的 ON/OFF 状态不变，但是相邻两步输出量总的状态是不同的。步的这种划分方法使代表各步的编程元件的状态与各输出量的状态之间有着极为简单的逻辑关系。

顺序控制设计法用转换条件控制代表各步的编程元件，让其状态按一定的顺序变化，然后用代表各步的编程元件去控制 PLC 的各输出位。

图 5-10 所示的波形图给出了控制锅炉的鼓风机和引风机的要求。按了启动按钮 I0.0 后，应先开引风机，延时 12s 后再开鼓风机。按了停止按钮 I0.1 后，应先停鼓风机，10s 后再停引风机。

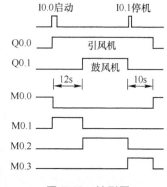

图 5-10　波形图

根据 Q0.0 和 Q0.1 ON/OFF 状态的变化，显然一个工作周期可以分为 3 步，分别用 M0.1～M0.3 来代表这 3 步，另外还应设置一个等待启动的初始步。图 5-11 所示是描述该系统的顺序功能图，图中用矩形框表示步，框中可以用数字表示该步的编号，也可以用代表该步的编程元件的地址作为步的编号，例如 M0.0 等，这样在根据顺序功能图设计梯形图时较为方便。

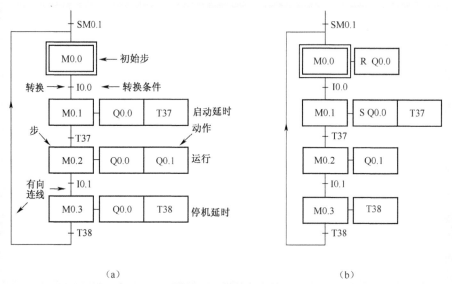

（a）　　　　　　　　　　　　　　（b）

图 5-11　顺序功能图

（2）初始步

与系统的初始状态相对应的步称为初始步，初始状态一般是系统等待启动命令的相对静止的状态。初始步用双线方框表示，每一个顺序功能图至少应该有一个初始步。

（3）与步对应的动作或命令

可以将在某一步中要完成的某些"动作"以及要向被控系统发出的某些"命令"统称为动作，并用矩形框中的文字或符号表示，该矩形框应与相应的步的符号相连。

图 5-11（a）中在连续的 3 步内输出位 Q0.0 均为 1 状态，为了简化顺序功能图和梯形图，可以在第 2 步将 Q0.0 置位，返回初始步后将 Q0.0 复位［见图 5-11（b）］。

如果某一步有几个动作，可以用图 5-12 所示的两种画法来表示，但是并不隐含这些动作之间的任何顺序。说明命令的语句应清楚地表明该命令是存储型的还是非存储型的。例如某步的存储型命令"打开 1 号阀并保持"，是指该步活动时 1 号阀打开，该步不活动时继续打开；非存储型命令"打开 1 号阀"，是指该步活动时打开，不活动时关闭。

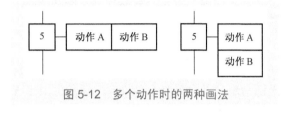

图 5-12 多个动作时的两种画法

（4）活动步

当系统正处于某一步所在的阶段时，该步处于活动状态，称该步为"活动步"。步处于活动状态时，相应的动作被执行；处于不活动状态时，相应的非存储型动作被停止执行。

3. 有向连线与转换条件

（1）有向连线

在顺序功能图中，随着时间的推移和转换条件的实现，将会发生步的活动状态的进展，这种进展按有向连线规定的路线和方向进行。在画顺序功能图时，将代表各步的框按它们成为活动步的先后次序顺序排列，并用有向连线将它们连接起来。步的活动状态习惯的进展方向是从上到下或从左至右，在这两个方向有向连线上的箭头可以省略。如果不是上述的方向，应在有向连线上用箭头注明进展方向。在可以省略箭头的有向连线上，为了更易于理解也可以加箭头。

如果在画图时有向连线必须中断（例如在复杂的图中，或用几个图来表示一个顺序功能图时），应在有向连线中断之处标明下一步的标号和所在的页数。

（2）转换

转换用有向连线上与有向连线垂直的短划线来表示，转换将相邻两步分隔开。步的活动状态的进展是由转换的实现来完成的，并与控制过程的发展相对应。

（3）转换条件

使系统由当前步进入下一步的信号称为转换条件，转换条件可以是外部的输入信号，例如按钮、主令开关、限位开关的接通或断开等；也可以是 PLC 内部产生的信号，例如定时器、计数器常开触点的接通等，转换条件还可能是若干个信号的与、或、非逻辑组合。

图 5-11（a）中的启动按钮 I0.0 和停止按钮 I0.1 的常开触点、定时器延时接通的常开触点是各步之间的转换条件。图中有两个 T37，它们的意义完全不同：与步 M0.1 对应的框相连的动作框中的 T37 表示 T37 的线圈应在步 M0.1 所在的阶段"通电"，在梯形图中，T37 的指令框与 M0.1 的线圈并联。转换符号旁边的"T37"对应于 T37 延时接通的常开触点，用来作为步 M0.1 和 M0.2 之间的转换条件。

在顺序功能图中，只有当某一步的前级步是活动步时，该步才有可能变成活动步。如果用没有断电保持功能的编程元件代表各步，PLC 进入 RUN 工作方式时，均处于 OFF 状态，必须用初始化脉冲 SM0.1 的常开触点作为转换条件，将初始步预置为活动步（图 5-11），否则因为顺序功能图中没有活动步，系统将无法工作。如果系统有自动、手动两种工作方式，顺序功能图是用来描述自动工作过程的，这时还应在系统由手动工作方式进入自动工作方式时，用一个适当的信号将初始步置为活动步。

4．顺序功能图的基本结构

（1）单序列

单序列由一系列相继激活的步组成，每一步的后面仅有一个转换，每一个转换的后面只有一个步［见图 5-13（a）］。

（2）选择序列

选择序列的开始称为分支［见图 5-13（b）］，转换符号只能标在水平连线之下。如果步 5 是活动步，并且转换条件 $h=1$，则发生由步 5→步 8 的进展。如果步 5 是活动步，并且 $k=1$，则发生由步 5→步 10 的进展。如果将选择条件 k 改为 kh（两个条件相与），则当 k 和 h 同时为 ON 时，将优先选择 h 对应的序列，一般只允许同时选择一个序列。

选择序列的结束称为合并［见图 5-13（b）］，几个选择序列合并到一个公共序列时，用需要重新组合的序列相同数量的转换符号和水平连线来表示，转换符号只允许标在水平连线之上。

如果步 9 是活动步，并且转换条件 $j=1$，则发生由步 9→步 12 的进展。如果步 11 是活动步，并且 $n=1$，则发生由步 11→步 12 的进展。

（3）并行序列

并行序列的开始称为分支［见图 5-13（c）］当转换的实现导致几个序列同时激活时，这些序列称为并行序列。当步 3 是活动的，并且转换条件 $e=1$，4 和 6 这两步同时变为活动步，同时步 3 变为不活动步。为了强调转换的同步实现，水平连线用双线表示。步 4、步 6 被同时激活后，每个序列中活动步的进展将是独立的。在表示同步的水平双线之上，只允许有一个转换符号。并行序列用来表示系统几个同时工作的独立部分的工作情况。

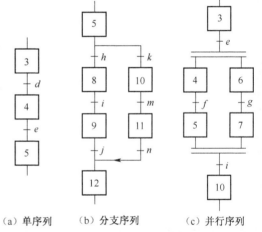

图 5-13　单序列、选择序列与并行序列

（a）单序列　　（b）分支序列　　（c）并行序列

并行序列的结束称为合并［见图 5-13（c）］在表示同步的水平双线之下，只允许有一个转换符号。当直接连在双线上的所有前级步（步 5、步 7）都处于活动状态，并且转换条件 $i=1$ 时，才会发生步 5、步 7 到步 10 的进展，即步 5、步 7 同时变为不活动步，而步 10 变为活动步。

有的 PLC 为用户提供了顺序功能图语言，在编程软件中生成顺序功能图后便完成了编程工作。这是一种先进的设计方法，很容易被初学者接受，是自动控制领域的发展方向。

完成 SFC 图的绘制工作后，即便在目前没有相应的转换软件，也能参照本项目后述内容正确并且高效的写出任意复杂的数字量控制系统梯形图。下面首先介绍两种通用的编程方法，即使用启—保—停电路的编程方法和以转换为中心的编程方法，然后介绍使用顺序控制继电器的编程方法。

二、使用启—保—停电路的顺序控制梯形图编程方法

根据顺序功能图编制梯形图时，可以用存储器位 M 来代表步。某一步为活动步时，对应的存储器位为 1，某一转换实现时，该转换的后续步变为活动步，前级步变为不活动步。

1. 单序列的编程方法

启—保—停电路仅仅使用与触点和线圈有关的指令，任何一种 PLC 的指令系统都有这一类指令，因此这是一种通用的编程方法，可以用于任意型号的 PLC。

为方便对照理解，图 5-14 所示给出了前述控制鼓风机和引风机的顺序功能图及相应梯形图程序。设计启—保—停电路的关键是找出启动条件和停止条件。根据转换实现的基本规则，转换实现的条件是它的前级步为活动步，并且满足相应的转换条件，步 M0.1 变为活动步的条件是前级步 M0.0 为活动步，且二者之间的转换条件 I0.0 为 1。在启—保—停电路中，则应将代表前级步的 M0.0 的常开触点和代表转换条件的 I0.0 的常开触点串联，作为控制 M0.1 的启动电路。

当 M0.1 和 T37 的常开触点均闭合时，步 M0.2 变为活动步，这时步 M0.1 应变为不活动步，因此可以将 M0.2 为 1 作为使存储器位 M0.1 变为 OFF 的条件，即将 M0.2 的常闭触点与 M0.1 的线圈串联。上述的逻辑关系可以用逻辑代数式表示为：

$$M0.1 = (M0.0 \cdot I0.0 + M0.1) \cdot \overline{M0.2}$$

在这个例子中，可以用 T37 的常闭触点代替 M0.2 的常闭触点。但是当转换条件由多个信号经"与、或、非"逻辑运算组合而成时，需要将其逻辑表达式求反，再将对应的触点串并联电路作为启—保—停电路的停止电路，这样做不如使用后续步对应的常闭触点简单方便。

根据上述的编程方法和顺序功能图，很容易画出梯形图［见图 5-14（b）］。以初始步 M0.0 为例，由顺序功能图可知，M0.3 是其前级步，T38 的常开触点接通是二者之间的转换条件，所以应将 M0.3 和 T38 的常开触点串联，作为 M0.0 的启动电路。PLC 开始运行时应将 M0.0 置为 1，否则系统无法工作，故将仅在第一个扫描周期接通的 SM0.1 的常开触点与上述串联电路并联，启动电路还并联了 M0.0 的自保持触点。后续步 M0.1 的常闭触点与 M0.0 的线圈串联，M0.1 为 1 时 M0.0 的线圈"断电"，初始步变为不活动步。

当控制 M0.0 的启—保—停电路的启动电路接通后，在下一个扫描周期 M0.0 的常闭触点使 M0.3 的线圈断电，后者的常开触点断开，使 M0.0 的启动电路断开，由此可知启—保—停电路的启动电路接通的时间只有一个扫描周期。因此必须使用有记忆功能的电路（例如启—保—停电路或置位/复位电路）来控制代表步的存储器位.

下面介绍设计顺序控制梯形图的输出电路部分的方法。由于步是根据输出变量的状态变化来划分的，它们之间的关系极为简单，可以分为两种情况来处理。

某一输出量仅在某一步中为 ON，例如图 5-14（a）中的 Q0.1 就属于这种情况，可以将其线圈与对应步的存储器位 M0.2 的线圈并联。

既然如此，为什么不用这些输出元件来代表该步呢？例如用 Q0.1 代替 M0.2。当然这样做可以节省一些编程元件，但是存储器位 M 是完全够用的，多用一些不会增加硬件费用，在设计和输入程序时也多花不了多少时间。全部用存储器位来代表步具有概念清楚、编程规范、梯形图易于阅读和查错的优点。

某一输出在几步中都为 ON，应将代表各有关步的存储器位的常开触点并联后，驱动该输出的线圈。图 5-14（a）中 Q0.0 在 M0.1～M0.3 这 3 步中均应工作，所以用 M0.1～M0.3 的常开触点组成的并联电路来驱动 Q0.0 的线圈。

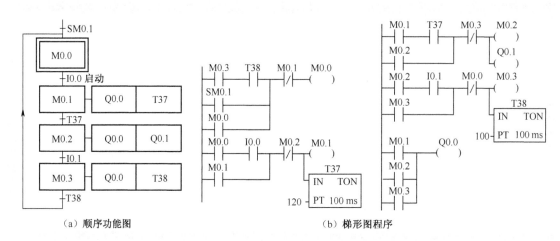

（a）顺序功能图   （b）梯形图程序

图 5-14　控制鼓风机和引风机的顺序功能图及相应梯形图程序

如果某些输出量像 Q0.0 一样，在连续的若干步均为 1 状态，可以用置位、复位指令来控制它们［见图 5-11（b）］。

2．选择序列的编程方法

（1）选择序列分支的编程方法

如图 5-15 所示，步 M0.0 之后有一个选择序列的分支，设 M0.0 为活动步，当其后续步 M0.1 或 M0.2 变为活动步时，应变为不活动步，即 M0.0 变为 0 状态，所以应将 M0.1 和 M0.2 的常闭触点与 M0.0 的线圈串联。

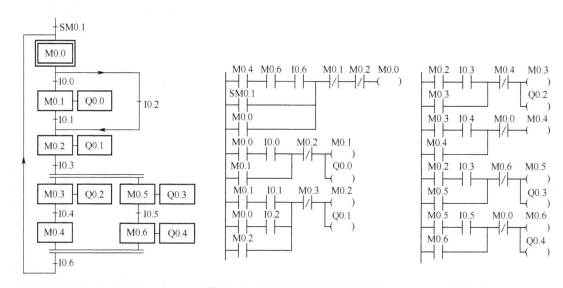

图 5-15　选择序列与并行序列

如果某一步的后面有一个由 N 条分支组成的选择序列，该步可能转换到不同的 N 步去，则应将这 N 个后续步对应的存储器位的常闭触点与该步的线圈串联作为结束该步的条件。

（2）选择序列合并的编程方法

图 5-15 中，步 M0.2 之前有一个选择序列的合并，当步 M0.1 为活动步（M0.1 为 1 状态），并且转换条件 I0.1 满足，或者步 M0.0 为活动步，并且转换条件 I0.2 满足，步 M0.2 都应变为活动步，即控制代表该步的存储器位 M0.2 的启—保—停电路的启动条件应为：

$$M0.1 \cdot I0.1 + M0.0 \cdot I0.2$$

该启动条件对应的启动电路由两条并联支路组成，每条支路分别由 M0.1、I0.1 或 M0.0、I0.2 的常开触点串联而成（图 5-15）。

一般来说，对于选择序列的合并，如果某一步之前有 N 个转换，即有 N 条分支进入该步，则控制代表该步的存储器位的启—保—停电路的启动电路由 N 条支路并联而成，各支路由某一前级步对应的存储器位的常开触点与相应转换条件对应的触点或电路串联而成。

3．并行序列的编程方法

（1）并行序列分支的编程方法

图 5-15 中的步 M0.2 之后有一个并行序列的分支，当步 M0.2 是活动步并且转换条件 I0.3 满足时，步 M0.3 与步 M0.5 应同时变为活动步，这是用 M0.2 和 I0.3 的常开触点组成的串联电路分别作为 M0.3 和 M0.5 的启动电路来实现的。与此同时，步 M0.2 应变为不活动步。步 M0.3 和 M0.5 是同时变为活动步的，只需将 M0.3 或 M0.5 的常闭触点与 M0.2 的线圈串联就行了。

（2）并行序列合并的编程方法

图 5-15 中的步 M0.0 之前有一个并行序列的合并，该转换实现的条件是所有的前级步（步 M0.4 和 M0.6）都是活动步和转换条件 I0.6 满足。由此可知，应将 M0.4、M0.6 和 I0.6 的常开触点串联，作为控制 M0.0 的启—保—停电路的启动电路。

任何复杂的顺序功能图都是由单序列、选择序列和并行序列组成的，掌握了单序列的编程方法和选择序列、并行序列的分支、合并的编程方法，就不难迅速地设计出任意复杂的顺序功能图描述的数字量控制系统的梯形图。

如果顺序功能图中有仅由两步组成的小闭环，用启—保—停电路编制的梯形图不能正常工作。上述方法仅适用于 3 步或以上步序的系统，使用时应予以注意。

▶▶▶ **操作指导**

1．绘制控制电路原理图

根据学习任务绘制控制电路原理图，系统采用 S7-200 CPU224 AC/DC/RLY 型 PLC，其 I/O 接线如图 5-16 所示。

2．安装电路

（1）检查元器件

根据表 5-1 配齐元器件，检查元器件的规格是否符合要求，检测元器件的质量是否完好。

（2）固定元器件

按照元器件规划位置，安装 DIN 导轨及走线槽，固定元器件。

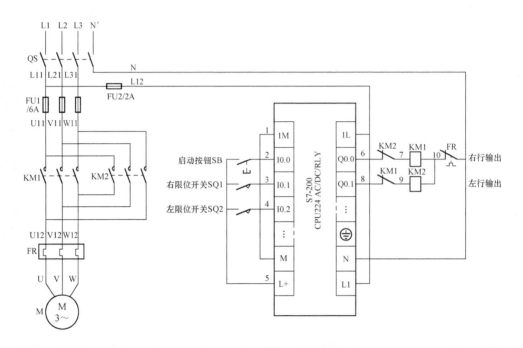

图 5-16 小车行程控制电路图

（3）配线安装

根据配线原则及工艺要求，对照原理图进行配线安装。

① 板上元器件的配线安装。

② 外围设备的配线安装。电源进线及电动机均通过一次回路接线端子 TX1 后与主板相接，输入控制按钮、行程开关通过二次回路接线端子 TX2 与主板相接。行程开关应按左右位置进行固定，以方便运行调试。

3．自检

（1）检查布线

对照原理图检查是否掉线、错线，是否漏编、错编，接线是否牢固等。

（2）用万用表检测

用万用表检测安装的电路，应按先一次主回路，后二次控制回路的顺序进行。

主回路重点检测 L1、L2、L3 之间的电阻值，在断路器断开及接触器处于常态时，阻值均为无穷大；断路器接通并压下接触器时，为电动机绕组的阻值（零点几至几欧）。

控制回路检测时，应重点检查 PLC 配线是否正确，输入回路及输出回路之间是否可靠隔离。

4．编辑控制程序

在装有 STEP7-Micro/WIN V4.0 SP6 编程软件的计算机上，编辑 PLC 控制程序并编译后保存为"*.mwp"文件备用。图 5-17（a）所示是小车行程 PLC 控制梯形图程序，图 5-17（b）所示是与之对应的指令表程序。

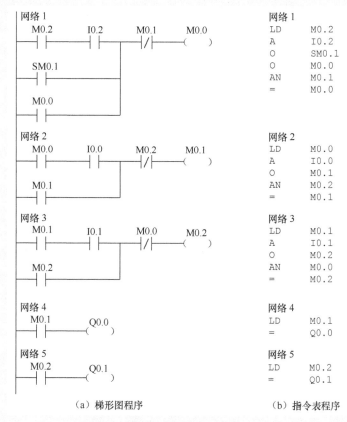

网络 1
	M0.2	I0.2	M0.1	M0.0
	SM0.1			
	M0.0			

网络 1
```
LD   M0.2
A    I0.2
O    SM0.1
O    M0.0
AN   M0.1
=    M0.0
```

网络 2
| | M0.0 | I0.0 | M0.2 | M0.1 |
| | M0.1 | | | |

网络 2
```
LD   M0.0
A    I0.0
O    M0.1
AN   M0.2
=    M0.1
```

网络 3
| | M0.1 | I0.1 | M0.0 | M0.2 |
| | M0.2 | | | |

网络 3
```
LD   M0.1
A    I0.1
O    M0.2
AN   M0.0
=    M0.2
```

网络 4
| | M0.1 | Q0.0 |

网络 4
```
LD   M0.1
=    Q0.0
```

网络 5
| | M0.2 | Q0.1 |

网络 5
```
LD   M0.2
=    Q0.1
```

（a）梯形图程序   （b）指令表程序

图 5-17　小车行程 PLC 控制程序

（1）输入输出继电器的地址分配见表 5-4

表 5-4　输入输出继电器的地址分配

编程元件	I/O 端子	电路器件	作　　用
输入继电器	I0.0	SB	启动按钮
	I0.1	SQ1	右限位开关
	I0.2	SQ2	左限位开关
输出继电器	Q0.0	KM1	正转右行接触器
	Q0.1	KM2	反转左行接触器

（2）其他编程元件的地址分配见表 5-5

表 5-5　其他编程元件的地址分配

编程元件	编程地址	PT 值	作　　用
定时器（100ms）	T37	30	右位暂停 3s
位存储器	M0.0	—	初始状态位
	M0.1	—	右行状态位
	M0.2	—	右位暂停状态位
	M0.3	—	左行状态位

5．程序下载

① 在 PLC 断电状态下，用 USB/ PPI 电缆连接计算机与 S7-200 CPU224 AC/DC/RLY 型 PLC。

② 合上控制电源开关 QS，将运行模式选择开关拨到 STOP 位置，通过软件将编制好的控制程序下载到 PLC。

注意：一定要在断开 QS 的情况下插拔适配电缆，否则极易损坏 PLC 通信接口。

6．运行小车行程 PLC 控制程序

① 将运行模式选择开关拨到 RUN 位置，使 PLC 进入运行方式。

② 根据任务分析要求，操作 SB 按钮，观察驱动电动机 M 是否立即启动；用手压下 SQ1，模拟小车右行到位，观察驱动电动机 M 是否在 3s 后反向启动；再用手压下 SQ2，模拟小车左行返回原点，电动机应立即停转。满足控制要求即表明程序运行正常。

▶▶▶ **课后思考**

（1）分析小车行程控制程序，如果小车运行在中间某位置时突遇停电，再次恢复供电时，结果如何？

（2）小车行程控制程序中的右位暂停有什么作用？如果系统不需要暂停，控制程序应如何改写？

任务三　以转换为中心的编程法实现电机程控运行

▶▶▶ **任务目标**

（1）掌握"以转换为中心"的编程方法。

（2）会根据顺序功能图，采用"以转换为中心"编程法编写及调试 PLC 控制程序。

▶▶▶ **任务分析**

电动机程控运行 PLC 控制电路，硬件布局如图 5-18 所示。

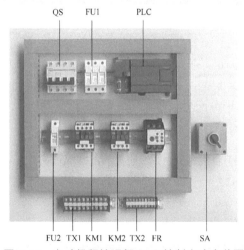

图 5-18　电动机程控运行 PLC 控制电路安装图

　　主电路由隔离开关 QS，熔断器 FU1，接触器 KM1、KM2 的常开主触点，热继电器 FR 的热元件和电动机 M 组成。控制电路采用 S7-200 CPU224 AC/DC/RLY 型 PLC，输入电器器件仅有一个程控运行主令开关 SA，输出控制器件有正反转接触器线圈及辅助常闭触点和热继电器的常闭触点等。

　　系统控制要求如下。

1．程控运行启动控制

　　合上电源总开关 QS，即可通过操作主令开关 SA，控制电动机按预定程序正反转自动循环运行。即合上 SA，KM1 即刻吸合，电动机以正转 5s—停 2s—反转 3s—停 2s—正转 5s⋯⋯的方式自动循环运转。

2．运行停止控制

　　断开 SA，电动机在完成本轮循环之后停止运行。

3．保护措施

　　为确保安全，系统设有必要的过载及短路保护，此外，PLC 外部接有由 KM1 及 KM2 常闭触点组成的硬件互锁电路。

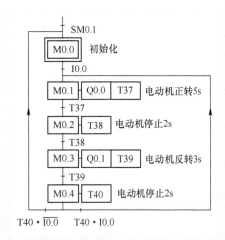

图 5-19　电动机程控运行顺序功能图

　　根据控制要求，采用 PLC 内部位存储器 M0.0～M0.4 作为电动机运行状态控制位，SA 与输入端子 I0.0 相联，T37～T40 为各运行时间段的定时控制编程元件，图 5-19 所示为电动机程控运行顺序功能图。

▶▶▶ 相关知识

1．单序列的编程方法

　　在顺序功能图中，如果某一转换所有的前级步都是活动步并且满足相应的转换条件，则转换实现。即所有由有向连线与相应转换符号相连的后续步都变为活动步，而所有由有向连线与相应转换符号相连的前级步都变为不活动步。在以转换为中心的编程方法中，用该转换所有前级步对应的存储器位的常开触点与转换对应的触点或电路串联，该串联电路即启—保—停电路中的启动电路，用它作为使所有后续步对应的存储器位置位（使用置位指令）和使所有前级步对应的存储器位复位（使用复位指令）的条件。在任何情况下，代表步的存储器位的控制电路都可以用这一原则来设计，每一个转换对应一个这样的控制置位和复位的电路块，有多少个转换就有多少个这样的电路块。这种设计方法特别有规律，梯形图与转换实现的基本规则之间有着严格的对应关系，在设计复杂的顺序功能图的梯形图时既容易掌握，又不容易出错。

　　某组合机床的动力头在初始状态时停在最左边，限位开关 I0.3 为 1 状态（见图 5-20）。按下启动按钮，动力头的进给运动如图所示，工作一个循环后，返回并停在初始位置，控制电磁阀的 Q0.0～Q0.2 在各工步的状态如图 5-20 中的顺序功能图所示。

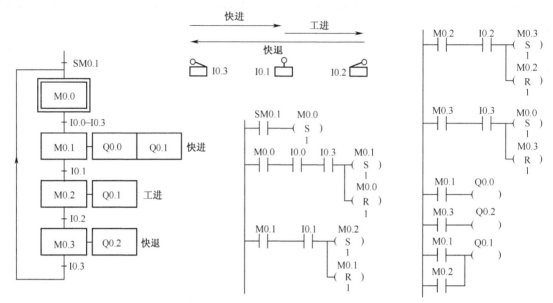

图 5-20　动力头控制系统的顺序功能图与梯形图

实现图 5-20 中 I0.1 对应的转换需要同时满足两个条件，即该转换的前级步是活动步（M0.1=1）和转换条件满足（I0.1=1）。在梯形图中，可以用 M0.1 和 I0.1 的常开触点组成的串联电路来表示上述条件。该电路接通时，两个条件同时满足。此时应将该转换的后续步变为活动步，即用置位指令"S M0.2, 1"将 M0.2 置位；还应将该转换的前级步变为不活动步，即用复位指令"R M0.1, 1"将 M0.1 复位。

使用这种编程方法时，不能将输出位的线圈与置位指令和复位指令并联，这是因为图 5-20 中控制置位、复位的串联电路接通的时间是相当短的，只有一个扫描周期，转换条件满足后前级步马上被复位，该串联电路断开，而输出位（Q）的线圈至少应该在某一步对应的全部时间内被接通。所以应根据顺序功能图，用代表步的存储器位的常开触点或其并联电路来驱动输出位的线圈。

2. 选择序列的编程方法

如果某一转换与并行序列的分支、合并无关，其前级步和后续步都只有一个，需要复位、置位的存储器位也只有一个，因此对选择序列的分支与合并的编程方法实际上与对单序列的编程方法完全相同。

图 5-21 所示的顺序功能图中，除 I0.3 与 I0.6 对应的转换以外，其余的转换均与并行序列无关，I0.0～I0.2 对应的转换与选择序列的分支、合并有关，都只有一个前级步和一个后续步。与并行序列无关的转换对应的梯形图是非常标准的，每一个控制置位、复位的电路块都由前级步对应的存储器位的常开触点和转换条件对应的触点组成的串联电路、一条置位指令和一条复位指令组成。

3. 并行序列的编程方法

图 5-21 中步 M0.2 之后有一个并行序列的分支。当 M0.2 是活动步，并且转换条件 I0.3 满足时，步 M0.3 与步 M0.5 应同时变为活动步，这是用 M0.2 和 I0.3 的常开触点组成的串联电路使 M0.3 和 M0.5 同时置位来实现的。与此同时，步 M0.2 应变为不活动步，这是用复位指令来实现的。

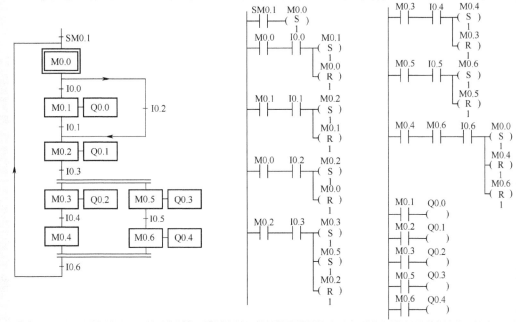

图 5-21 选择序列与并行字列

I0.6 对应的转换之前有一个并行序列的合并，该转换实现的条件是所有的前级步（步 M0.4 和 M0.6）都是活动步和转换条件 I0.6 满足。由此可知，应将 M0.4、M0.6 和 I0.6 的常开触点串联，作为使后续步 M0.0 置位和使 M0.4、M0.6 复位的条件。

如图 5-22 所示，转换的上面是并行序列的合并，转换的下面是并行序列的分支，该转换实现的条件是所有的前级步（即步 M1.0 和 M1.1）都是活动步和转换条件 $\overline{I0.1}$+I0.3 满足。因此应将 M1.0、M1.1、I0.3 的常开触点与 I0.1 的常闭触点组成的串并联电路，作为使 M1.2、M1.3 置位和使 M1.0、M1.1 复位的条件。

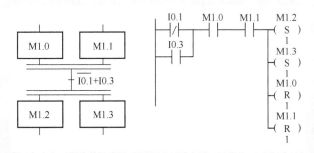

图 5-22 转换的同步实现

▶▶▶ **操作指导**

1. 绘制控制电路原理图

根据学习任务绘制控制电路原理图，系统采用 S7-200 CPU224 AC/DC/RLY 型 PLC，电动机程控运行 PLC 控制电路如图 5-23 所示。

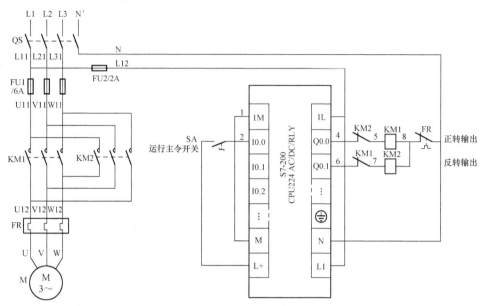

图 5-23　电动机程控运行 PLC 控制电路

2．安装电路

（1）检查元器件

根据表 5-1 配齐元器件，检查元器件的规格是否符合要求，检测元器件的质量是否完好。

（2）固定元器件

按照元器件规划位置，安装 DIN 导轨及走线槽，固定元器件。

（3）配线安装

根据配线原则及工艺要求，对照原理图进行配线安装。

① 板上元器件的配线安装。

② 外围设备的配线安装。电源进线及电动机均通过一次回路接线端子 TX1 后与主板相接，输入主令开关按钮通过二次回路接线端子 TX2 与主板相接。

3．自检

（1）检查布线

对照原理图检查是否掉线、错线，是否漏编、错编，接线是否牢固等。

（2）用万用表检测

用万用表检测安装的电路，应按先一次主回路，后二次控制回路的顺序进行。

主回路重点检测 L1、L2、L3 之间的电阻值，在断路器断开及接触器处于常态时，阻值均为无穷大；断路器接通并压下接触器时，为电动机绕组的阻值（零点几至几欧）。

控制回路检测时，应重点检查 PLC 配线是否正确，输入回路及输出回路之间是否可靠隔离。

4．编辑控制程序

在装有 STEP7-Micro/WIN V4.0 SP6 编程软件的计算机上，编辑 PLC 控制程序并编译后保存为"*.mwp"文件备用。图 5-24（a）所示是三相异步电动机正反转控制梯形图程序，图 5-24（b）所示是与之对应的指令表程序。

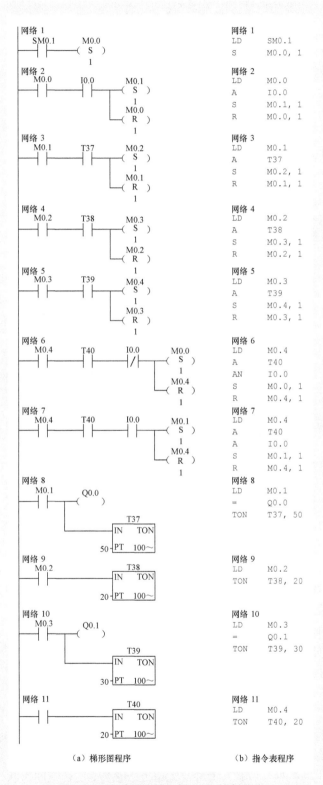

（a）梯形图程序　　　　　（b）指令表程序

图 5-24　电动机程控运行 PLC 控制程序

（1）输入输出继电器的地址分配见表 5-6

表 5-6　输入输出继电器的地址分配

编程元件	I/O 端子	电路器件	作　用
输入继电器	I0.0	SA	运行主令开关
输出继电器	Q0.0	KM1	正转接触器
	Q0.1	KM2	反转接触器

（2）其他编程元件的地址分配见表 5-7

表 5-7　其他编程元件的地址分配

编程元件	编程地址	PT 值	作　用
TON 型定时器（100ms）	T37	50	电动机正转延时
	T38	20	电动机第一段停止延时
	T39	30	电动机反转延时
	T40	20	电动机第二段停止延时
位存储器	M0.0	—	状态 0：初始化
	M0.1	—	状态 1：电动机正转
	M0.2	—	状态 2：停止运转
	M0.3	—	状态 3：电动机反转
	M0.4	—	状态 4：停止运转

5. 程序下载

（1）在 PLC 断电状态下，用 USB/ PPI 电缆连接计算机与 S7-200 CPU224 AC/DC/RLY 型 PLC。

（2）合上控制电源开关 QS，将运行模式选择开关拨到 STOP 位置，通过软件将编制好的控制程序下载到 PLC。

注意：一定要在断开 QS 的情况下插拔适配电缆，否则极易损坏 PLC 通信接口。

6. 电动机程控运行 PLC 控制程序

（1）将运行模式选择开关拨到 RUN 位置，使 PLC 进入运行方式。

（2）根据任务分析要求，合上 SA，观察 PLC 上输入、输出指示灯的工作状态及电动机的工作情况。满足控制要求即表明程序运行正常。

▶▶▶ **课后思考**

（1）在电动机程控运行 PLC 控制程序中，如果分别用两个按钮控制电动机程控运行的启动和停止，应怎样编程？

（2）如果要求电动机处于程控运行中，无论处于正转、反转或间歇状态时，只要断开 SA，立即中止电动机程控运行，应如何编写 PLC 控制程序？

任务四　采用 SCR 指令编程实现交通灯自动控制

▶▶▶ 任务目标

（1）了解 S7-200 系列 PLC 顺序控制继电器（S）。

（2）学习并掌握 SCR 指令及其顺控编程法。

（3）会根据顺序功能图，采用 SCR 指令编写及调试 PLC 控制程序。

▶▶▶ 任务分析

本任务给出的是交通灯自动控制电路的最简形式，控制要求为某路口红绿灯分别为 HL1、HL2，启动自动运行模式时，要求 HL1、HL2 能按亮 20s 再熄 20s 的方式交替闪亮。

图 5-25 所示为 PLC 交通灯自动控制电路安装图，主电路由小型断路器 QS、熔断器 FU 及输出信号红灯 HL1 和绿灯 HL2 等组成。输入电器为主令控制开关 SA。

根据控制要求，采用 PLC 内部顺控继电器 S0.0～S0.3 作为交通灯自动运行控制，SA 与输入端子 I0.1 相联，T37、T38 为各运行时间段的定时控制编程元件，绘制如图 5-26 所示的 PLC 交通灯自动控制顺序功能图。

其中步进条件为时间步进型。状态步的处理为点红、熄绿灯或者点绿、熄红灯，同时启动定时器，步进条件满足时（时间到）进入下一步，关断上一步。

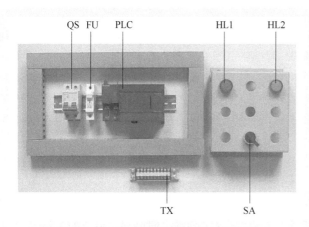

图 5-25　PLC 交通灯自动控制电路安装图

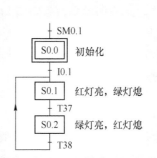

图 5-26　PLC 交通灯自动控制顺序功能图

▶▶▶ 相关知识

一、顺序控制继电器指令

S7-200 中的顺序控制继电器（S）专门用于编制顺序控制程序。顺序控制程序被顺序控制继电器指令（LSCR）划分为 LSCR 与 SCRE 指令之间的若干个 SCR 段，一个 SCR 段对应于顺序功能图中的一步。表 5-8 给出了顺序控制继电器指令格式及功能。

（1）装载顺序控制继电器指令 LSCR S_bit 用来表示一个 SCR 段的开始，当指令中"S_bit"

所指的顺序控制继电器为 1 状态时，执行对应的 SCR 段中程序，反之则不执行。

（2）顺序控制继电器结束指令 SCRE 用来表示 SCR 段的结束。

（3）顺序控制继电器转换指令 SCRT S_bit 用来表示 SCR 段之间的转换，即步的活动状态的转换，其指令格式见表 5-8。当 SCRT 线圈"得电"时，SCRT 指令中指定的顺序功能图中的后续步对应的顺序控制继电器变为 1 状态，同时当前活动步对应的顺序控制继电器被系统程序复位为 0 状态，当前步变为不活动步。

表 5-8 顺序控制继电器（SCR）指令格式

指令表格式	梯形图	数据类型	操作数	指令名称及功能
LSCR S_bit	?? ? SCR	BOOL	S	装载顺序控制继电器指令
SCRT S_bit	???? ——(SCRT)			顺序控制继电器转换指令
SCRE	——(SCRE)			顺序步结束指令

使用 SCR 时有如下的限制：不能在不同的程序中使用相同的 S 位；不能在 SCR 段之间使用 JMP 及 LBL 指令，即不允许用跳转的方法跳入或跳出 SCR 段；不能在 SCR 段中使用 FOR、NEXT 和 END 指令。

二、使用 SCR 指令的顺序控制梯形图设计方法

1．单序列的编程方法

以本项目任务一中图 5-9 所示的小车行程控制为例，说明使用 SCR 指令编辑单序列顺序控制梯形图的基本方法。小车行程控制要求同任务一，一个工作周期中的左行、暂停、右行和等待启动的初始步，分别用 S0.0～S0.3 来代表这四步。启动按钮 I0.0 和限位开关的常开触点、T37 延时接通的常开触点是各步之间的转换条件。图 5-27 所示是使用 SCR 指令编辑的小车行程控制顺序功能图及梯形图，与图 5-9（b）所示不同的是，步状态元件由位存储器 M 改为顺序控制继电器 S。

在设计梯形图时，用 LSCR 和 SCRE 指令表示 SCR 段的开始和结束。在 SCR 段中用 SM0.0 的常开触点来驱动在该步中应为 1 状态的输出点（Q）的线圈，并用转换条件对应的触点或电路来驱动转换到后续步的 SCRT 指令。

如果用编程软件的"程序状态"功能来监视处于运行模式的梯形图，可以看到因为直接接在左侧母线上，每一个 SCR 方框都是蓝色，但是只有活动步对应的 SCRE 线圈通电，并且只有活动步对应的 SCR 区内的 SM0.0 的常开触点闭合，不活动步的 SCR 区内的 SM0.0 的常开触点处于断开状态，因此 SCR 区内的线圈受到对应的顺序控制继电器的控制，SCR 区内的线圈还可以受到与其串联的触点的控制。

首次扫描时 SM0.1 的常开触点接通一个扫描周期，使顺序控制继电器 S0.0 置位，初始步变为活动步，只执行 S0.0 对应的 SCR 段。如果小车在最左边，I0.2 为 1 状态，此时按下启动按钮 I0.0，指令"SCRT S0.1"对应的线圈得电，使 S0.1 变为 1 状态，操作系统使 S0.0 变为 0 状态，系统从初始步转换到右行步，只执行 S0.1 对应的 SCR 段。在该段中，SM0.0 的常开触点闭合，Q0.0 的线圈得电，小车右行。在操作系统没有执行 S0.1 对应的 SCR 段时，

Q0.0 的线圈不会通电。

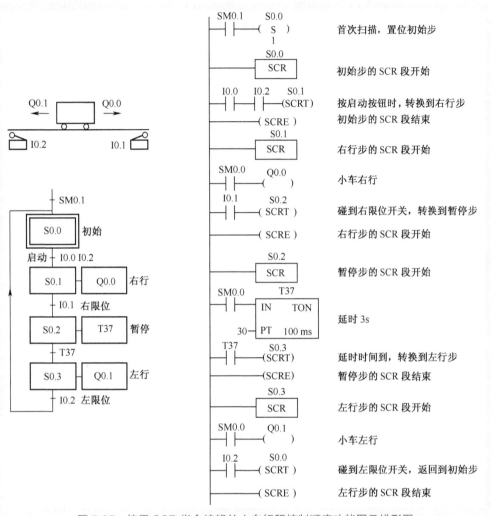

图 5-27　使用 SCR 指令编辑的小车行程控制顺序功能图及梯形图

右行碰到右限位开关时，I0.1 的常开触点闭合，将实现右行步 S0.1 到暂停步 S0.2 的转换。定时器 T37 用来使暂停步持续 3s。延时时间到时 T37 的常开触点接通，使系统由暂停步转换到左行步 S0.3，直到返回初始步。

2．选择序列的编程方法

如图 5-28 所示，步 S0.0 之后有一个选择序列的分支，当它是活动步，并且转换条件 I0.0 得到满足时，后续步 S0.1 将变为活动步，S0.0 变为不活动步。如果步 S0.0 为活动步，并且转换条件 I0.2 得到满足时，后续步 S0.2 将变为活动步，S0.0 变为不活动步。

当 S0.0 为 1 时，它对应的 SCR 段被执行，此时若转换条件 I0.0 为 1，该程序段中的指令"SCRT S0.1"被执行，将转换到步 S0.1。若 I0.2 的常开触点闭合，将执行指令"SCRT S0.2"，转换到步 S0.2。

在图 5-28 中，步 S0.3 之前有一个选择序列的合并，当步 S0.1 为活动步（S0.1 为 1 状态），并且转换条件 I0.1 满足，或步 S0.2 为活动步，并且转换条件 I0.3 满足，步 S0.3 都应变为活功步。在步 S0.1 和步 S0.2 对应的 SCR 段中，分别用 I0.1 和 I0.3 的常开触点驱动指令 "SCRT S0.3"，就能实现选择系列的合并。

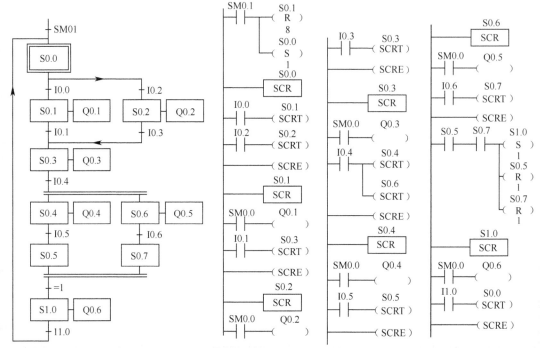

图 5-28　选择序列与并行序列的顺序功能图和梯形图

3. 并行序列的编程方法

图 5-28 中步 S0.3 后有一个并行序列的分支，当步 S0.3 是活动步，并且转换条件 I0.4 满足，步 S0.4 与步 S0.6 应同时变为活动步，这是用 S0.3 对应的 SCR 段中 I0.4 的常开触点同时驱动指令 "SCRT S0.4" 和 "SCRT S0.6" 来实现的。与此同时，S0.3 被自动复位，步 S0.3 变为不活动步。

步 S1.0 前有一个并行序列的合并，因为转换条件为 1（总是满足），转换实现的条件是所有的前级步（步 S0.5 和 S0.7）都是活动步。图 5-28 中用以转换为中心的编程方法，将 S0.5、S0.7 的常开触点串联，来控制 S1.0 的置位和 S0.5、S0.7 的复位，从而使步 S1.0 变为活动步，步 S0.5 和步 S0.7 变为不活动步。

▶▶▶ 操作指导

1. 绘制控制电路原理图

根据学习任务绘制控制电路原理图，系统采用 S7-200 CPU224 AC/DC/RLY 型 PLC，交通灯自动控制电路如图 5-29 所示。

2. 安装电路

（1）检查元器件

根据表 5-1 配齐元器件，检查元器件的规格是否符合要求，检测元器件的质量是否完好。

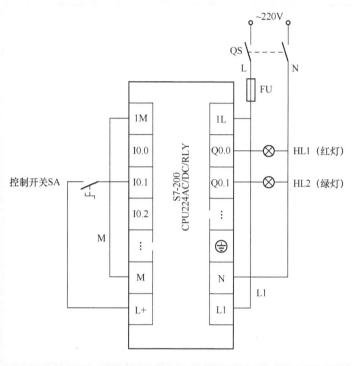

图 5-29　交通灯自动控制电路

（2）固定元器件

按照元器件规划位置，安装 DIN 导轨及走线槽，固定元器件。

（3）配线安装

根据配线原则及工艺要求，对照原理图进行配线安装。

① 板上元器件的配线安装。

② 外围设备的配线安装。电源进线及输入输出元器件均通过接线端子 TX 后与主板相接。

3．自检

（1）检查布线

对照原理图检查是否掉线、错线，是否漏编、错编，接线是否牢固等。

（2）用万用表检测

应重点检查 PLC 配线是否正确，输入回路及输出回路之间是否可靠隔离。

4．编辑控制程序

在装有 STEP7-Micro/WIN V4.0 SP6 编程软件的计算机上，采用 SCR 指令编辑 PLC 交通灯自动控制程序，编译后保存为"*.mwp"文件备用。图 5-30（a）所示是交通灯自动控制梯形图程序，图 5-30（b）所示是与之对应的指令表程序。

（1）输入输出继电器的地址分配见表 5-9

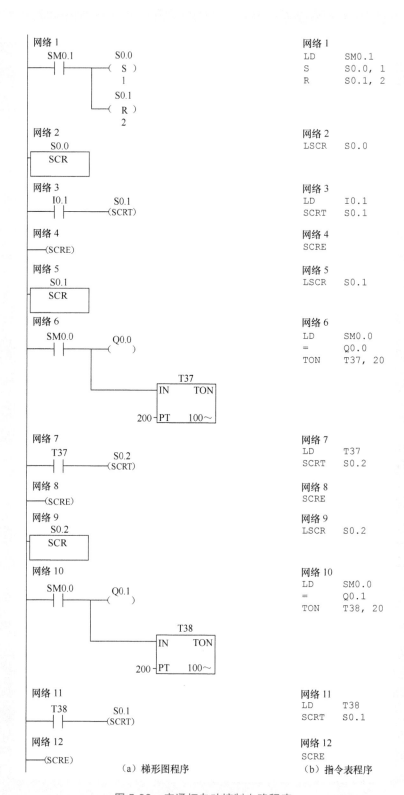

网络 1
SM0.1   S0.0
         (S)
         1
         S0.1
         (R)
         2

网络 2
S0.0
SCR

网络 3
I0.1   S0.1
        (SCRT)

网络 4
(SCRE)

网络 5
S0.1
SCR

网络 6
SM0.0   Q0.0
         (   )
              T37
         IN   TON
     200—PT   100~

网络 7
T37   S0.2
       (SCRT)

网络 8
(SCRE)

网络 9
S0.2
SCR

网络 10
SM0.0   Q0.1
         (   )
              T38
         IN   TON
     200—PT   100~

网络 11
T38   S0.1
       (SCRT)

网络 12
(SCRE)

（a）梯形图程序

网络 1
LD   SM0.1
S   S0.0, 1
R   S0.1, 2

网络 2
LSCR   S0.0

网络 3
LD   I0.1
SCRT   S0.1

网络 4
SCRE

网络 5
LSCR   S0.1

网络 6
LD   SM0.0
=   Q0.0
TON   T37, 20

网络 7
LD   T37
SCRT   S0.2

网络 8
SCRE

网络 9
LSCR   S0.2

网络 10
LD   SM0.0
=   Q0.1
TON   T38, 20

网络 11
LD   T38
SCRT   S0.1

网络 12
SCRE

（b）指令表程序

图 5-30　交通灯自动控制电路程序

表 5-9 输入输出继电器的地址分配表

编程元件	I/O 端子	电路器件	作　用
输入继电器	I0.1	SB	启动按钮
输出继电器	Q0.0	HL1	红灯
	Q0.1	HL2	绿灯

（1）其他编程元件的地址分配见表 5-10

表 5-10 其他编程元件的地址分配

编程元件	编程地址	预置值	作　用
定时器 （100ms）	T37	200	红灯点亮时间
	T38	200	绿灯点亮时间
顺序控制继电器	S0.0	—	初始状态位
	S0.1	—	红灯亮、绿灯熄状态位
	S0.2	—	绿灯亮、红灯熄状态位

简要分析：当 PLC 上电时，由开机脉冲 SM0.1 使系统进入初始化状态 S0.0。按下启动按钮，I0.1 输入有效时，转入 S0.1，执行程序的第二步，输出点 Q0.0 置 1（点亮红灯），同时启动定时器 T37。经过 20s，步进转移指令使得 S0.2 置 1，S0.1 置 0，程序进入第三步，输出点 Q0.1 置 1（点亮绿灯），同时启动定时器 T38，经过 20s，步进转移指令使得 S0.1 置 1，S0.2 置 0，程序又进入第二步执行。如此周而复始，循环工作。

5．程序下载

（1）在 PLC 断电状态下，用 USB/ PPI 电缆连接计算机与 S7-200 CPU224 AC/DC/RLY 型 PLC。

（2）合上控制电源开关 QS，将运行模式选择开关拨到 STOP 位置，通过软件将编制好的控制程序下载到 PLC。

注意：一定要在断开 QS 的情况下插拔适配电缆，否则极易损坏 PLC 通信接口。

6．运行 PLC 交通灯自动控制程序

（1）将运行模式选择开关拨到 RUN 位置，使 PLC 进入运行方式。

（2）根据任务分析要求，压下启动控制按钮 SB，红绿灯 HL1、HL2 将进入自动运行模式，以亮 20s 再熄 20s 的方式交替闪亮。满足控制要求即表明程序运行正常。

▶▶▶ 课后思考

如果在信号灯由绿变红前，插入一段黄灯闪烁（频率为 1 次/s）5s 的过渡状态，应怎样编程？

项目评价

考核项目	考核要求	配分	评分标准	（按任务）评分			
				一	二	三	四
元器件安装	① 合理布置元器件； ② 会正确固定元器件	10	① 元器件布置不合理每处扣 3 分； ② 元器件安装不牢固每处扣 5 分； ③ 损坏元器件每处扣 5 分				
线路安装	① 按图施工； ② 布线合理、接线美观； ③ 布线规范、无线头松动、压皮、露铜及损伤绝缘层	40	① 接线不正确扣 30 分； ② 布线不合理、不美观每根扣 3 分； ③ 走线不横平竖直每根扣 3 分； ④ 线头松动、压皮、露铜及损伤绝缘层每处扣 5 分				
编程下载	① 正确输入梯形图； ② 正确保存文件； ③ 会转换梯形图； ④ 会传送程序	30	① 不能设计程序或设计错误扣 10 分； ② 输入梯形图错误一处扣 2 分； ③ 保存文件错误扣 4 分； ④ 转换梯形图错误扣 4 分； ⑤ 传送程序错误扣 4 分				
通电试车	按照要求和步骤正确检查、调试电路	20	通电调试不成功每次扣 5 分				
安全生产	自觉遵守安全文明生产规程	—	发生安全事故，0 分处理				
时间	5h	—	提前正确完成，每 10min 加 5 分；超过定额时间，每 5min 扣 2 分				
综合成绩（此栏由指导教师填写）							

习　　题

1．试用"经验"编程法编写满足如图 5-31 所示波形的梯形图。
2．试用"经验"编程法编写满足如图 5-32 所示波形的梯形图。
3．画出如图 5-33 所示波形对应的顺序功能图。

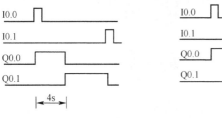

图 5-31　题 1 的波形图

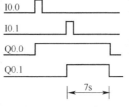

图 5-32　题 2 的波形图

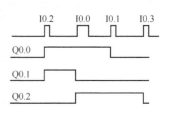

图 5-33　题 3 的波形图

4．小车在初始状态时停在中间，限位开关 I0.0 为 ON，按下启动按钮 I0.3，小车按图 5-34 所示的顺序运动，最后返回并停在初始位置。画出控制系统的顺序功能图，并编写梯形图程序。

5．指出图 5-35 所示的顺序功能图中的错误。

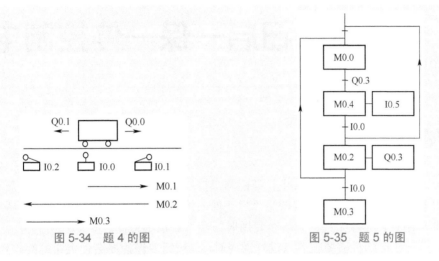

图 5-34　题 4 的图　　　　　　　　　图 5-35　题 5 的图

6．用 SCR 指令编写出如图 5-36 所示的顺序功能图的梯形图指令。

7．使用启—保—停电路的编程方法，编写出如图 5-37 所示顺序功能图的梯形图指令。

8．使用以转换为中心的顺序控制梯形图设计方法，编写出如图 5-38 所示顺序功能图的梯形图指令。

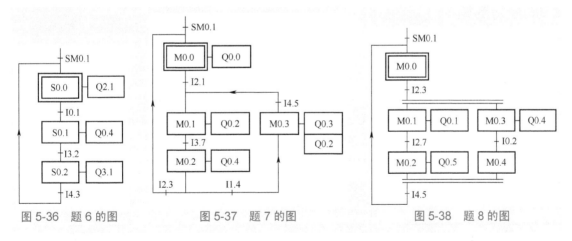

图 5-36　题 6 的图　　　　图 5-37　题 7 的图　　　　图 5-38　题 8 的图

9．图 5-39 中的两条运输带顺序相连，按下启动按钮，2 号运输带开始运行，10s 后 1 号运输带自动启动。停机的顺序与启动的顺序刚好相反，间隔时间为 8s。画出顺序功能图，试用 4 种不同的编程方法编写出梯形图程序。

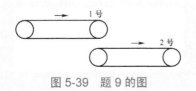

图 5-39　题 9 的图

项目六

单按钮启—保—停控制电路

项目情境

通常，一台电动机的启动和停止总是由两个控制按钮分别完成的。这种采用启动按钮、停止按钮及输出元件构成的典型双按钮"启—保—停"控制回路，在各种工控设备中得到了最为普遍的运用。但是在下列两种场合使用时，会感到很不方便。

其一，当一台电动机需要在多点进行操控时，双按钮启停控制会使电路的结构较为复杂。其二，当一台 PLC 控制多个具有启/停操作的电路时，将占用很多输入点。PLC 的输入/输出点一般是按等于或略大于 1:1 的比例配置的，由于大多数被控设备是输入信号多，输出信号少，有时在设计一个不太复杂的控制电路时，也会面临输入点数不足，从而导致设备成本增加。因此，仅用一个按钮即可进行设备启—保—停控制的电路，在各种工业控制场合中也得到了广泛的运用。

项目实施节奏

教师根据学生掌握电气及 PLC 基本技能的熟练程度，结合器材准备情况，将全班同学按项目任务分成 3 个大组，每个大组包含若干个学习小组，各小组人数以 2~3 名为宜。除相关知识讲授及集中点评外，3 个学习任务可分散同步进行，建议完成时间为 16 学时。

任　　务	相关知识讲授	分组操作训练	教师集中点评
一	0.5h	3h	0.5h
二	1h	4.5h	0.5h
三	1h	4.5h	0.5h

项目所需器材

学习所需的全部工具、设备见表 6-1。根据所选学习任务的不同，各小组领用的器材略有区别。

表 6-1 工具、设备清单

序号	分类	名　称	型 号 规 格	数量	单位	备注
1		PLC	S7-200 CPU224 AC/DC/RLY	1	台	
2		编程电缆	PC/PPI 或 USB/PC/PPI	1	根	
3		小型断路器	DZ47-63 D10/4P	1	只	
4		小型断路器	DZ47-63 C10/3P	3	只	
5	任务一 设备	熔断器	RT18-32/6A	9	套	
6		熔断器	RT18-32/2A	1	套	
7		交流接触器	CJX2-1201,220V	3	台	
8		热继电器	NR2-11.5 1.6～2.5A	3	台	
9		按钮	NP2-BA31	3	只	
10		三相异步电动机	0.75kW 380V/△形连接	3	台	
11		PLC	S7-200 CPU224 AC/DC/RLY	1	台	
12		编程电缆	PC/PPI 或 USB/PC/PPI	1	根	
13	任务二 设备	小型断路器	DZ47-63 C10/2P	1	只	
14		熔断器	RT18-32/2A	1	套	
15		按钮	NP2-BA31	6	只	
16		指示灯	ND16-22BS/2-24V（红）	6	只	
17		PLC	S7-200 CPU224 AC/DC/RLY	1	台	
18		编程电缆	PC/PPI 或 USB/PC/PPI	1	根	
19		小型断路器	DZ47-63 D10/4P	1	只	
20		小型断路器	DZ47-63 C10/3P	4	只	
21	任务三 设备	熔断器	RT18-32/6A	12	套	
22		熔断器	RT18-32/2A	1	套	
23		交流接触器	CJX2-1201,220V	4	台	
24		热继电器	NR2-11.5 1.6～2.5A	4	台	
25		按钮	NP2-BA31（绿常开）	2	只	
26		按钮	NP2-BA41（红常开）	2	只	
27		三相异步电动机	0.75kW 380V/△形连接	4	台	
28		编程电脑	配备相应软件	1	台	
29		常用电工工具	—	1	套	
30		万用表	MF47	1	只	
31		主回路端子板	TD-20/20	1	条	
32		控制回路端子板	TD-15/20	1	条	
33		三相四线电源插头（带线） 单相电源插头（带线）	16A	各 1	根	
34	工具 及 辅材	安装板	600mm×800mm 金属网板或木质高密板	1	块	工具及辅材适用于所有学习任务
35		DIN 导轨	35mm	0.5	m	
36		NP2 按钮支架（非标）	170 mm×170mm mm×75mm	2	个	
37		走线槽	TC3025	若干	m	
38		控制回路导线	BVR 1mm² 黑色	若干	m	
39		主回路导线	BVR 1.5mm² 蓝色	若干	m	
40		尼龙绕线管	ϕ8mm	若干	m	
41		螺钉	—	若干	颗	
42		号码管、编码笔	—	若干	—	

任务一　采用位逻辑指令编程的电动机单按钮控制

▶▶▶ **任务目标**

（1）了解继电接触器单按钮启—保—停控制电路的结构及用途。

（2）掌握采用位逻辑指令进行单按钮控制编程的方法。

▶▶▶ **任务分析**

电动机单按钮启—保—停控制电路硬件布局如图 6-1 所示。系统设总隔离开关 QS，每台电动机的主电路由断路器（QF1-3）、熔断器（FU1-3）、接触器（KM1-3）的常开主触点、热继电器（FR1-3）的热元件以及电动机组成。熔断器 FU0、PLC、启停按钮（SB1、SB2 及 SB3）、接触器线圈及热继电器的常闭触点等构成三相异步电动机单按钮启—保—停控制电路。

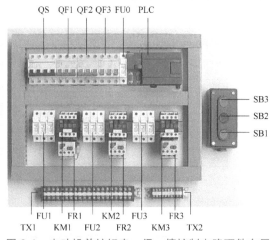

图 6-1　电动机单按钮启—保—停控制电路硬件布局

控制要求如下。

（1）用 SB1、SB2 及 SB3 等 3 只常开按钮，分别对 M1、M2 及 M3 等 3 台电动机进行单按钮启—保—停控制。

（2）电路设有必要的保护装置。

（3）要求 3 台电动机分别用 3 种不同的方法进行编程。

▶▶▶ **相关知识**

1．继电器—接触器单按钮启—保—停控制电路

继电器—接触器单按钮控制电路如图 6-2 所示。KA1、KA2 为交流电磁继电器，KM1 为交流接触器，M 为被控电动机。

启动电动机时，按下按钮 SB，继电器 KA1 通电吸合，其常开触点闭合，交流接触器 KM 线圈通电，电动机 M 启动运转。此时继电器 KA2 的线圈因 KA1 的常闭触点已断开而不能通电，所以 KA2 不能吸合。松开按钮开关后，因 KM 已闭合自锁，所以交流接触器 KM 仍吸合，电动机继续运转。但这时 KA1 因 SB 松开而断电释放，其常闭触点复位，为下次启动 KA2 做好准备。

当电动机需要停转时，第二次按下 SB，这时 KA1 线圈通路被接触器常闭辅助触头 KM 切断，所以 KA1 不会吸合，而 KA2 线圈通电吸合。KA2 吸合后，其常闭触点断开，切断 KM 线圈电源，KM 释放，电动机 M 断电停转。同时，KA2 常闭触点切断 KA1 线圈通路，使 KA1 在 KM 辅助触头复位后仍不能通电吸合。手松开按钮开关后，KA2 释放，电路恢复初始状态。

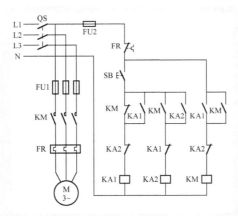

图 6-2　继电器—接触器单按钮启—保—停控制电路

当第三次按下 SB 时，重复上述启动时的动作。可见，当 SB 按下奇数次时，电动机启动运转，而当 SB 按下偶数次时，电动机则停止运转。此外，只有当 SB 按下时，继电器 KA1 或 KA2 才通电，而电动机正常运转或停转时，KA1、KA2 均呈断电状态，可避免电力浪费。

自 PLC 被普遍运用以来，上述电路已失去其实用价值，但它仍然是继电器—接触器控制电路学习及考核的最佳实例。

2．单按钮启停控制的位逻辑指令编程

图 6-3 所示为两种单按钮启停控制的编程方法。在图 6-3（a）中，用到了 2 个位存储器，它们等同于继电器—接触器电路中的中间继电器，程序结构形式也与继电接触器单按钮控制电路极其相似，这是一种适用于任意品牌系列 PLC 机型的通用编程法。

图 6-3（b）所示为单按钮启停控制程序，与上述单按钮启停控制程序具有相同的功能，其程序结构更为简洁。图中 I0.1 与"P"指令组合所构成的"上升沿检出触点指令"，并不是其他 PLC 中都有的，所以其编程方法只适用于 S7-200 及 FX 等系列 PLC。

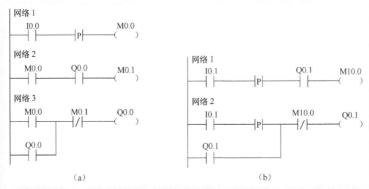

图 6-3　单按钮启停控制程序

图 6-4 所示是另一种单按钮启停控制程序，它使用的是位逻辑指令中置位与复位指令，不仅程序结构简洁且编程思路一目了然。

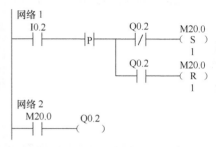

图 6-4 采用置位与复位指令编写的单按钮启停控制程序

▶▶▶ 操作指导

1．绘制控制原理图及接线图

根据学习任务绘制控制电路原理图，参考电路原理如图 6-5 所示。

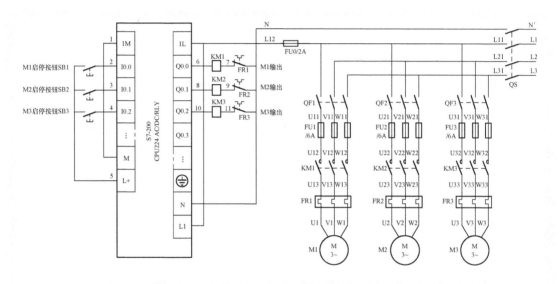

图 6-5 电动机单按钮启—保—停控制原理图

2．安装电路

（1）检查元器件

根据表 6-1 配齐元器件，检查元器件的规格是否符合要求，检测元器件的质量是否完好。

（2）固定元器件

按照元器件规划位置，安装 DIN 导轨及走线槽，固定元器件。

（3）配线安装

根据配线原则及工艺要求，对照原理图进行配线安装。

① 板上元器件的配线安装。

② 外围设备的配线安装。电源进线及电动机均通过一次回路接线端子 TX1 后与主板相接，输入控制按钮及电动机运行指示灯通过二次回路接线端子 TX2 与主板相接。

3．自检

（1）检查布线

对照原理图检查是否掉线、错线，是否漏编、错编，接线是否牢固等。

（2）用万用表检测

用万用表检测安装的电路，应按先一次主回路，后二次控制回路的顺序进行。

主回路重点检测 L1、L2、L3 之间的电阻值，在断路器断开及接触器处于常态时，阻值均为无穷大；断路器接通并压下接触器时，为电动机绕组的阻值（零点几至几欧）。

控制回路检测时，应根据原理图检查是否有错线、掉线、错位、短路等。重点检查 PLC 配线是否正确，输入回路及输出回路之间是否可靠隔离。

4．编辑控制程序

在装有 STEP7-Micro/WIN V4.0 SP6 编程软件的计算机上，编辑 PLC 控制程序并编译后保存为"*.mwp"文件备用。图 6-6（a）所示是三相异步电动机单按钮启—保—停控制梯形图程序，图 6-6（b）所示是与之对应的指令表程序。

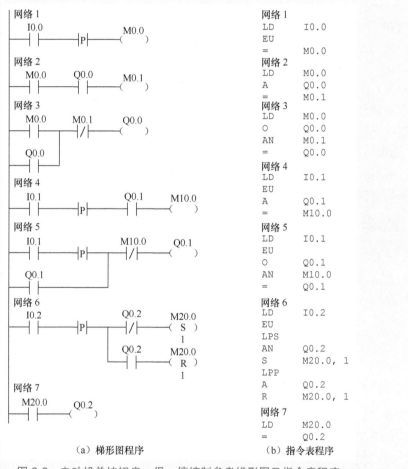

（a）梯形图程序　　　　（b）指令表程序

图 6-6　电动机单按钮启—保—停控制参考梯形图及指令表程序

编程元件的地址分配见表 6-2。

表 6-2　输入输出继电器的地址分配

编程元件	I/O 端子	电路器件	作　　用
输入继电器	I0.0	SB1	M1 启动/停止按钮
	I0.1	SB2	M2 启动/停止按钮
	I0.2	SB3	M3 启动/停止按钮

编程元件	I/O 端子	电路器件	作　用
输出继电器	Q0.0	KM1	M1 接触器
	Q0.1	KM2	M2 接触器
	Q0.2	KM3	M3 接触器
位存储器	M0.0	—	Q0.0 控制中间变换
	M0.1	—	Q0.0 控制中间变换
	M10.0	—	Q0.1 控制中间变换
	M20.0	—	Q0.2 控制中间变换

5．程序下载

（1）在 PLC 断电状态下，用 USB/ PPI 电缆连接计算机与 S7-200 CPU224 AC/DC/RLY 型 PLC。

（2）合上控制电源开关 QS，将运行模式选择开关拨到 STOP 位置，通过软件将编制好的控制程序下载到 PLC。

注意：一定要在断开 QS 的情况下插拔适配电缆，否则极易损坏 PLC 通信接口。

6．通电运行调试

操作 SB1、SB2 及 SB3，观察是否满足任务要求。在监视模式下对比观察各编程元件及输出设备运行情况并做好记录。

▶▶▶ 课后思考

（1）PLC 单按钮启—保—停控制电路有什么实际意义？

（2）在图 6-6 所示的控制程序中，能否将网络 6 中的 M20.0 直接改为 Q0.2，并省去网络 7？为什么？

任务二　采用功能指令编程的单按钮控制

▶▶▶ 任务目标

（1）学习功能指令的有关知识。

（2）学会采用传送指令、比较指令及逻辑运算类指令编程的基本方法。

▶▶▶ 任务分析

分析任务一中位逻辑指令编程的单按钮启/停控制电路，不难发现，当所需控制设备数量较多时，编程工作将十分繁琐。本任务要求采用功能指令实现多台设备的单按钮启/停控制，从而使程序结构更为简单，所需控制设备数量愈多则愈显出功能指令编程的优越。

为便于任务实施，负载采用 6 只额定电压为 AC 220V 的信号指示灯。控制要求为：6 个用电器具 HL1~HL6，分别由 PLC 的 Q0.0~Q0.5 共 6 个输出继电器驱动，每只信号灯分别由编号相同的输入按钮 SB1~SB6 进行单按钮控制，例如每按动一次按钮 SB5 则 HL5 改变一次工作状态。

此外，PLC 上电后，要求所有输出复位，信号灯全灭。

信号灯单按钮控制电路硬件布局如图 6-7 所示。

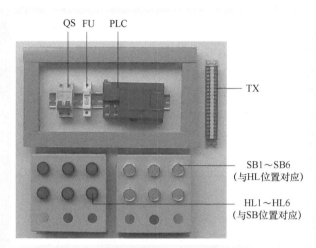

QS FU PLC

TX

SB1~SB6
（与 HL 位置对应）

HL1~HL6
（与 SB 位置对应）

图 6-7　信号灯单按钮控制电路硬件布局

▶▶▶ 相关知识

功能指令种类繁多，虽然其助记符与汇编语言相似，对于略具计算机知识的人并不难记，但要详细了解并记住其功能就不是一件容易的事了。一般也不必准确记忆其详尽用法，大致了解了 S7-200 有哪些功能指令后，到实际使用时可再查阅相关手册。

一、S7-200 的功能指令格式

1. 使能输入与使能输出

在梯形图中，用矩形框表示功能指令，这些框通常称为"盒子"或"功能块"。功能块的输入端均在左边，输出端均在右边（见图 6-8）。梯形图中有一条提供"能流"的左侧垂直母线，图中 I2.4 的常开触点接通时，能流流到功能块 DIV_I 的数字量输入端"EN"（使能输入），该输入端有能流时，功能指令 DIV_I 才能被执行。

图 6-8　使能输入 EN 与使能输出 ENO

如果功能块在 EN 处有能流而且执行时无错误，则 ENO（使能输出）将能流传递给下一个元件。如果执行过程中有错误，能流在出现错误的功能块终止。

ENO 可以作为下一个功能块的 EN 输入，即几个功能块可以串联在一行中（见图 6-8），只有前一个功能块被正确执行，后一个功能块才能被执行。这种既可将单个功能块作为某网络的输出，也可将多个功能块串联作为网络输出的程序结构，是西门子 S7-200 系列 PLC 所特有的。EN 和 ENO 的操作数均为能流，数据类型为 BOOL（布尔）型。

图中的功能块 DIV_I 是 16 位整数除法指令。在 RUN 模式用程序状态功能监视程序的运行情况，令除数 VW12 的值为 0，当 I2.4 为 1 状态时，可以看到有能流流入 DIV_I 指令的 EN 输入端，因为除数为 0，所以指令执行失败，DIV_I 指令框变为红色，没有能流从它的 ENO 输出端流出。

语句表（STL）中没有 EN 输入，与梯形图中的 ENO 相对应，语句表设置了 ENO 位，可以用 AENO 指令存取 ENO 位，AENO 用来产生与功能块的 ENO 相同的效果。

图 6-8 中的梯形图对应的语句表为：

```
LD    I2.4
MOVW  VW10, VW14    //VW10→*VW14
AENO
/I    VW12, VW14    //VW14/VW12→VW14
AENO
MOVB  VB0, VB2      //VB0→VB2
```

语句表中除法指令的操作为 OUT/IN1=OUT，所以需要增加一条数据传送指令。

S7-200 系统手册的指令部分给出了指令的描述、使 ENO=0 的错误条件、受影响的 SM 位、该指令支持的 CPU 型号和操作数表，该表中还给出了每个操作数允许的存储器区、寻址方式和数据类型。各条指令的详细信息可以查阅 S7-200 系统手册。

2. 指令的级连

梯形图中的"→"表示输出一个可选的能流，用于指令的级连。符号"→"表示可以使用能流。在图 6-8 所示的网络中，如果需要，还可连接更多的功能块或线圈。

必须有能流输入才能执行的功能块（有 EN 端子）或线圈指令称为条件输入指令，它们不能直接连接到左侧母线上。如果需要无条件执行这些指令，可以用接在左侧母线上的 SM0.0（该位始终为 1）的常开触点来驱动它们。

有的线圈或功能块的执行与能流无关，例如顺序控制指令 SCR 无 EN 端子，称为无条件输入指令，应将其直接接在左侧母线上。

不能级连的指令块没有 ENO 输出端和能流流出。JMP、CRET、LBL、NEXT、SCR 和 SCRE 等属于这类指令。

3. 操作数类型及长度

操作数是功能指令涉及或产生的数据。功能框及语句中用"IN"及"OUT"表示的即为操作数。操作数又可分为源操作数、目标操作数及其他操作数。源操作数是指令执行后不改变其内容的操作数，目标操作数是指令执行后将改变其内容的操作数。从梯形图符号来说，功能框左边的操作数通常是源操作数，功能框右边的操作数为目标操作数，图 6-8 所示的 DIV_I 指令梯形图符号中"IN1""IN2"为源操作数，"OUT"为目标操作数。

操作数的类型及长度必须与指令相配合。S7-200 系列 PLC 的数据存储单元有 I、Q、V、M、SM、S、I、AC 等多种类型，长度表达形式有字节（B）、字（W）、双字（DW）多种，需认真选用。指令各操作数适合的数据类型及长度可在指令表说明部分查阅。

编程时，软件会在需要输入操作数的地方显示红色问号"????"。

二、传送指令

传送指令含单个数据传送及一次性多个连续字块的传送两种，每种又可根据传送数据的类型分为字节、字、双字或者实数等几种情况。传送指令用于机内数据的流转与生成，可用于存储单元的清零、程序初始化等场合。

1. 字节、字、双字、实数传送指令

字节传送指令（MOVB）、字传送指令（MOVW）、双字传送指令（MOVD）和实数传送指令（MOVR）在不改变原值的情况下将 IN 中的值传送到 OUT。以上指令的表达形式及操作数见表6-3。

表6-3 字节、字、双字、实数传送指令

项 目		字节传送	字传送	双字传送	实数传送
指令表达式	梯形图（LAD）	MOV_B EN ENO ????-IN OUT-????	MOV_W EN ENO ????-IN OUT-????	MOV_DW EN ENO ????-IN OUT-????	MOV_R EN ENO ????-IN OUT-????
	指令表（STL）	MOVB IN，OUT	MOVW IN，OUT	MOVD IN，OUT	MOVR IN，OUT
操作数	数据类型	BYTE	WORD、INT	DWORD、DINT	REAL
	IN	IB、QB、VB、MB、SMB、SB、LB、AC、*VD、*LD、*AC、常数	IW、QW、VW、MW、SMW、SW、T、C、LW、AC、AIW、*VD、*AC、*LD、常数	ID、QD、VD、MD、SMD、SD、LD、HC、&VB、&IB、&QB、&MB、&SB、&T、&C、&SMB、&AIW、&AQW、AC、*VD、*LD、*AC、常数	ID、QD、VD、MD、SMD、SD、LD、AC、*VD、*LD、*AC、常数
	OUT	IB、QB、VB、MB、SMB、SB、LB、AC、*VD、*LD、*AC	IW、QW、VW、MW、SMW、SW、T、C、LW、AC、AQW、*VD、*LD、*AC	ID、QD、VD、MD、SMD、SD、LD、AC、*VD、*LD、*AC	ID、QD、VD、MD、SMD、SD、LD、AC、*VD、*LD、*AC

使 ENO=0 的错误条件为 0006（间接寻址）。

2. 字节立即传送指令

字节立即传送指令含字节立即读指令（BIR）及字节立即写（BIW）指令，允许在物理 I/O 和存储器之间立即传送一个字节数据。字节立即读指令（BIR）读物理输入 IN，并存入 OUT，但不刷新过程映像寄存器。字节立即写指令（BIW）从存储器 IN 读取数据，写入物理输出，同时刷新相应的过程映像区。字节立即传送指令的表达形式及操作数见表6-4。

表6-4 字节立即传送指令

项 目		字节立即读指令	字节立即写指令
指令表达式	梯形图（LAD）	MOV_BIR EN ENO ????-IN OUT-????	MOV_BIW EN ENO ????-IN OUT-????
	指令表（STL）	BIR IN，OUT	BIW IN，OUT

项　目		字节立即读指令	字节立即写指令
操作数	数据类型	BYTE	BYTE
	IN	IB、*VD、*LD、*AC	IB、QB、VB、MB、SMB、SB、LB、AC、*VD、*LD、*AC、常数
	OUT	IB、QB、VB、MB、SMB、SB、LB、AC、*VD、*LD、*AC	QB、*VD、*LD、*AC

使 ENO=0 的错误条件有 0006（间接寻址）、不能访问扩展模块等。

3. 块传送指令

字节块（BMB）的传送、字块（BMW）的传送和双字块的传送（BMD）指令传送指定数量的数据到一个新的存储区，数据的起始地址为 IN，数据的长度为 N 个字节、字或双字，新块的起始地址为 OUT。N 的范围从 1～255。块传送指令的表达形式及操作数见表 6-5。

表 6-5　块传送指令

项目		字节的块传送	字的块传送	双字的块传送
指令表达式	梯形图（LAD）	BLKMOV_B EN　ENO ????-IN　OUT-???? ????-N	BLKMOV_W EN　ENO ????-IN　OUT-???? ????-N	BLKMOV_D EN　ENO ????-IN　OUT-???? ????-N
	指令表（STL）	BMB IN，OUT，N	BMW IN，OUT，N	BMD IN，OUT，N
操作数	数据类型	BYTE	WORD、INT	DWORD、DINT
	IN	IB、QB、VB、MB、SMB、SB、LB、*VD、*LD、*AC	IW、QW、VW、SMW、SW、T、C、LW、AIW、*VD、*LD、*AC	ID、QD、VD、MD、SMD、SD、LD、*VD、*LD、*AC
	OUT	IB、QB、VB、MB、SMB、SB、LB、*VD、*LD、*AC	IW、QW、VW、MW、SMW、SW、T、C、LW、AQW、*VD、*LD、*AC	ID、QD、VD、MD、SMD、SD、LD、*VD、*LD、*AC
	N	BYTE		
		IB、QB、VB、MB、SMB、SB、LB、AC、常数、*VD、*LD、*AC		

使 ENO=0 的错误条件有 0006（间接寻址）、0091（操作数超出范围）等。

三、比较指令

比较指令含数值比较指令及字符串比较指令，数值比较指令用于比较两个数值，字符串比较指令用于比较两个字符串的 ASCⅡ码字符。比较指令在程序中主要用于建立控制节点。

数值比较包含以下 6 种情况。

IN1=IN2，IN1>=IN2，IN1<=IN2，IN1>IN2，IN1<IN2，IN1<>IN2。

被比较的数据可以是字节（BYTE）、整数（INT）、双字（DINT）及实数（REAL）。其中，字节比较是无符号的，整数、双字、实数的比较是有符号的。

比较指令以触点形式出现在梯形图及指令表中，因而有"LD"、"A"、"O" 3 种基本形式。

对于梯形图 LAD，当比较结果为真时，指令使能流接通：对于指令表 STL，比较结果为真时，将栈顶值置 1。比较指令为上下限控制及事件的比较判断提供了极大的方便。仅以字节相等比较 "==B" 指令为例，当其出现在梯形图中的不同位置时，指令表则相应采用不同的表达形式，详见表 6-6。其他 5 种数值比较指令的格式类似。

表 6-6　字节相等比较指令及数值比较指令操作数

触点位置	梯形图	指令表	功　能
触点与左侧母线相连	IN1 ==B IN2	LDB= IN1，IN2	
串联触点	IN1 ==B IN2	AB= IN1，IN2	操作数 IN1 和 IN2 无符号整数比较
并联触点	IN1 ==B IN2	OB= IN1，IN2	
数值比较指令操作数有效范围			
IN1、IN2	BYTE	IB、QB、VB、MB、SMB、SB、LB、AC、*VD、*LD、*AC、常数	
	INT	IW、QW、VW、MW、SMW、SW、LW、T、C、AC、AIW、*VD、*LD、*AC、常数	
	DINT	ID、QD、VD、MD、SMD、SD、LD、AC、HC、*VD、*LD、*AC、常数	
	REAL	ID、QD、VD、MD、SMD、SD、LD、AC、*VD、*LD、*AC、常数	
OUT	BOOL	I、Q、V、M、SM、S、T、C、L、能流	

数值比较指令示例程序见表 6-7。示例程序中用接通延时定时器和比较指令组成占空比可调的脉冲发生器。M0.0 和 10ms 定时器 T33 组成了一个脉冲发生器，使 T33 的当前值按表 6-7 中时序图所示的波形变化。比较指令用来产生脉冲宽度可调的方波，Q0.0 为 0 的时间取决于比较指令 "LDW>= T33，40" 中第 2 个操作数的值 "40"。

表 6-7　数值比较指令示例程序

梯形图（LAD）	指令表（STL）
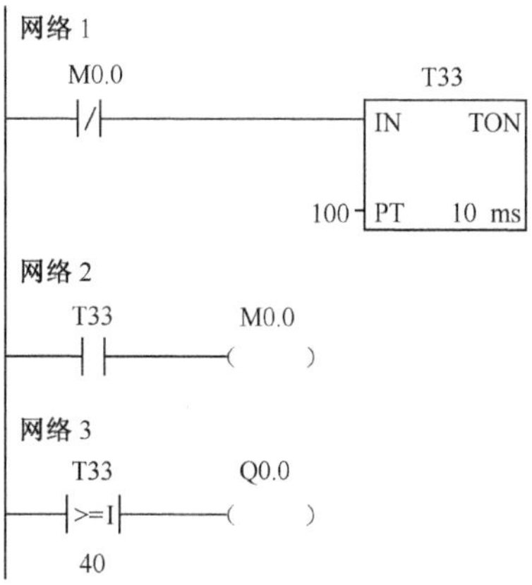 网络 1 M0.0　　　　T33 ─┤/├─　IN　TON 100─PT　　10 ms 网络 2 T33　　　M0.0 ─┤├──（　） 网络 3 T33　　　Q0.0 ─┤>=I├──（　） 40	网络 1 LDN　　M0.0 TON　　T33, 100 网络 2 LD　　　T33 =　　　　M0.0 网络 3 LDW>=　T33, 40 =　　　　Q0.0

续表 6-7

梯形图（LAD）	指令表（STL）
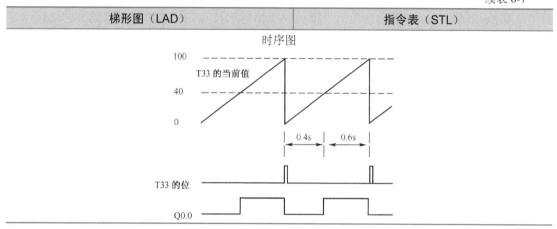 时序图	

四、逻辑运算指令

逻辑运算是对无符号数进行的逻辑处理，主要包括逻辑与、逻辑或、逻辑异或和取反等运算指令。按操作数长度可分为字节、字和双字逻辑运算。IN、INl、IN2、OUT 操作数的数据类型包括 B、W、DW，其寻址范围见表 6-8。

表 6-8　逻辑运算指令操作数的寻址范围

输入/输出	数据类型	操作数
IN1、INT2（与、或、异或）IN（取反）	BYTE	IB、QB、VB、MB、SMB、SB、LB、AC、*VD、*LD、*AC、常数
	WORD	IW、QW、VW、MW、SMW、SW、LW、T、C、AC、AIW、*VD、*LD、*AC、常数
	DWORD	ID、QD、VD、MD、SMD、SD、LD、AC、HC、*VD、*LD、*AC、常数
OUT	BYTE	IB、QB、VB、MB、SMB、SB、LB、AC、*VD、*AC、*LD
	WORD	IW、QW、VW、MW、SMW、SW、T、C、LW、AC、*VD、*AC、*LD、
	DWORD	ID、QD、VD、MD、SMD、SD、LD、AC、*VD、*LD、*AC

逻辑运算指令格式为指令盒形式，以字节操作逻辑运算指令为例，其格式见表 6-9。

表 6-9　逻辑运算指令格式（字节操作）

梯形图（LAD）	功　能
WAND_B / EN ENO / ????-IN1 OUT-???? / ????-IN2　　WOR_B / EN ENO / ????-IN1 OUT-???? / ????-IN2　　WXOR_B / EN ENO / ????-IN1 OUT-???? / ????-IN2　　INV_B / EN ENO / ????-IN OUT-????	字节与、或、异或、取反

1．逻辑与指令（WAND）

逻辑与操作指令包括字节（B）、字（W）、双字（DW）等 3 种数据长度的与操作指令。

逻辑与指令功能：使能端 EN 输入有效时，把两个字节（字、双字）长的输入逻辑数按位相与，得到的一个字节（字、双字）逻辑运算结果，送到 OUT 指定的存储器单元输出。

STL 指令格式分别为：

字节逻辑与运算：MOVB　　IN1, OUT
　　　　　　　　　ANDB　　IN2, OUT
字逻辑与运算：　MOVW　　IN1, OUT
　　　　　　　　　ANDW　　IN2, OUT
双字逻辑与运算：MOVD　　IN1, OUT
　　　　　　　　　ANDD　　IN2, OUT

2. 逻辑或指令（WOR）

逻辑或操作指令包括字节（B）、字（W）、双字（DW）等 3 种数据长度的或操作指令。

逻辑或指令的功能：使能端 EN 输入有效时，把两个字节（字、双字）长的输入逻辑数按位相或得到的一个字节（字、双字）逻辑运算结果，送到 OUT 指定的存储器单元输出。

STL 指令格式分别为：

字节逻辑或运算：MOVB　IN1, OUT
　　　　　　　　　ORB　　IN2, OUT
字逻辑或运算：　MOVW　IN1, OUT
　　　　　　　　　ORW　　IN2, OUT
双字逻辑或运算：MOVD　IN1, OUT
　　　　　　　　　ORD　　IN2, OUT

3. 逻辑异或指令（WXOR）

逻辑异或操作指令包括字节（B）、字（W）、双字（DW）等 3 种数据长度的异或操作指令。

逻辑异或指令的功能：使能端 EN 输入有效时，把 2 个字节（字、双字）长的输入逻辑数按位相异或，得到的 1 个字节（字、双字）逻辑运算结果，送到 OUT 指定的存储器单元输出。

STL 指令格式分别为：

字节逻辑异或运算：　MOVB　　LN1, OUT
　　　　　　　　　　XORB　　LN2, OUT
字逻辑异或运算：　　MOVW　　IN1, OUT
　　　　　　　　　　XORW　　IN2, OUT
双字逻辑异或运算：　MOVD　　IN1, OUT
　　　　　　　　　　XORD　　LN2, OUT

与、或、异或指令示例程序见表 6-10。

表 6-10　与、或、异或指令示例程序

梯形图（LAD）	指令表（STL）
网络 1 I4.0 ——┤├—— WAND_W（EN ENO, AC1-IN1 OUT-AC0, AC0-IN2） WOR_W（EN ENO, AC1-IN1 OUT-VW100, VW100-IN2） WXOR_W（EN ENO, AC1-IN1 OUT-AC0, AC0-IN2）	网络 1 LD　　I4.0 ANDW　AC1, AC0 ORW　　AC1, VW100 XORW　AC1, AC0 字与 AC1　0001 1111　0110 1101 AND AC0　1101 0011　1110 0110 等于 AC0　0001 0011　0110 0100 字或 AC1　0001 1111　0110 1101 或 VW100　1101 0011　1010 0000 等于 VW100　1101 1111　1110 1101 字异或 AC1　0001 1111　0110 1101 XOR AC0　0001 0011　0110 0100 等于 AC0　0000 1100　0000 1001

4．取反指令（INV）

取反指令包括字节（B）、字（W）、双字（DW）等 3 种数据长度的取反操作指令。

取反指令功能：使能端 EN 输入有效时，将一个字节（字、双字）长的逻辑数按位取反，得到的一个字节（字、双字）逻辑运算结果，送到 OUT 指定的存储器单元输出。

STL 指令格式分别为：

```
字节取反指令：  MOVB  IN, OUT
              INVB  OUT
字取反指令：    MOVW  IN, OUT
              INVW  OUT
双字取反指令：  MOVD  IN, OUT
              INVD  OUT
```

取反指令示例程序见表 6-11。

表 6-11　取反指令示例程序

梯形图（LAD）	指令表（STL）
网络 1 I4.0 ——┤├—— INV_W（EN ENO, AC0-IN OUT-AC0）	网络 1 LD　　I4.0 INVW　AC0 字取反　AC0　1101 0111　1001 0101 执行后 AC0　0010 1000　0110 1010

▶▶▶ 操作指导

1．绘制控制电路原理图

根据学习任务绘制控制电路原理图，系统采用 S7-200 CPU224 AC/DC/RLY 型 PLC，其
I/O 接线如图 6-9 所示。

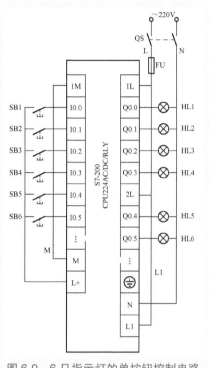

图 6-9　6 只指示灯的单按钮控制电路

2．安装电路

（1）检查元器件

根据表 6-1 配齐元器件，检查元器件的规格是否符合要求，检测元器件的质量是否完好。

（2）固定元器件

按照元器件规划位置，安装 DIN 导轨及走线槽，固定元器件。

（3）配线安装

根据配线原则及工艺要求，对照原理图进行配线安装。导线编号除了注明外，还要采用
PLC 端子号。

① 板上元器件的配线安装。

② 外围设备的配线安装。6 只控制按钮及 6 只指示灯可分别固定在如图 6-7 所示的两个
自制 NP2 系列按钮支架上，为方便观察，按钮与被控指示灯位置要对应。电源进线直接进
QS 上端，输入控制按钮及输出指示灯通过接线端子 TX 与主板相接。

3．自检

（1）检查布线

对照原理图检查是否掉线、错线，是否漏编、错编，接线是否牢固等。

（2）用万用表检测

用万用表检测安装的电路，应按先输入回路，后输出回路的顺序进行。

4．编辑控制程序

用单按钮实现启停控制的方法有很多，实际上相同的问题总是可以通过不同的途径来解决。只有在对 PLC 指令系统充分了解的基础上，才能灵活运用各种指令，并编制出科学合理的应用程序。

图 6-10 所示是采用逻辑运算等指令编制的控制程序。程序中所涉及的数据寄存器及输入输出位元件组均为字节 B（8 位），所以该程序能满足 8 个用电器具的单按钮控制，此例中仅利用了前 6 位。各条指令所完成的操作详见图 6-10（b）中的网络注释。

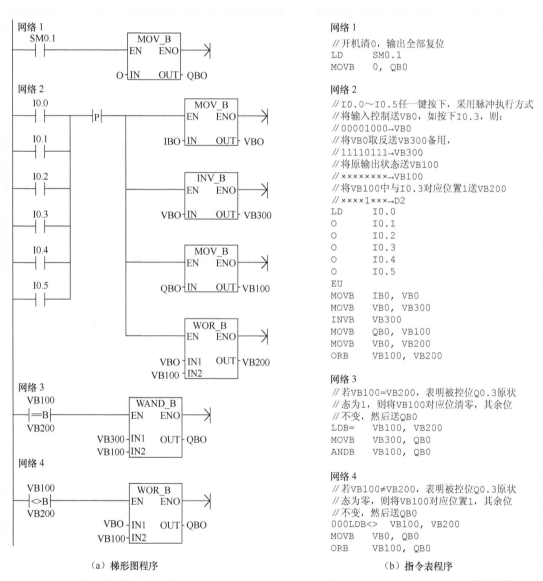

（a）梯形图程序　　　　（b）指令表程序

图 6-10　6 只指示灯的单按钮控制程序

输入输出继电器的地址分配见表 6-12。

表 6-12 输入输出继电器的地址分配表

编程元件	I/O 端子	电路器件/型号	作　用
输入继电器	I0.0	SB1/NP2-BA31	启动/停止按钮
	I0.1	SB2/ NP2-BA31	
	I0.2	SB3/ NP2-BA31	
	I0.3	SB4/ NP2-BA31	
	I0.4	SB5/ NP2-BA31	
	I0.5	SB6/ NP2-BA31	
输出继电器	Q0.0	HL1/ND16/AC220V	输出模拟负载 信号彩灯
	Q0.1	HL2/ND16/AC220V	
	Q0.2	HL3/ND16/AC220V	
	Q0.3	HL4/ND16/AC220V	
	Q0.4	HL5/ND16/AC220V	
	Q0.5	HL6/ND16/AC220V	

5. 程序下载

（1）在 PLC 断电状态下，用 USB/ PPI 电缆连接计算机与 S7-200 CPU224 AC/DC/RLY 型 PLC。

（2）合上控制电源开关 QS，将运行模式选择开关拨到 STOP 位置，通过软件将编制好的控制程序下载到 PLC。

注意：一定要在断开 QS 的情况下插拔适配电缆，否则极易损坏 PLC 通信接口。

6. 通电运行调试

分别操作 SB1、SB2～SB6，观察 6 只指示灯是否满足任务要求。在监视模式下，对比各编程元件及输出设备运行情况并做好记录。

▶▶▶ **课后思考**

（1）在图 6-10 所示的程序中，网络 2 所用到的"P"指令有什么作用？如果将该触点短路，结果会怎样？

（2）分析图 6-10 所示的参考梯形图程序，说明各指令行在 PLC 工作时的执行顺序。

任务三　用一只启动按钮和一只停止按钮控制多台设备的启停

▶▶▶ **任务目标**

（1）学习程序控制指令、移位和循环移位等功能指令。

（2）掌握采用移位和循环移位等功能指令进行编程的基本方法。

▶▶▶ **任务分析**

本学习任务要求用 4 只常开按钮，通过 PLC，控制 M1、M2、M3 及 M4 等 4 台电动机的启动与停止(为方便项目实施，主回路及电动机只采用 3 台套，程序调试时可观察 PLC 输出指示)。多台设备启停控制电路硬件布局如图 6-11 所示。

控制要求具体如下。

1. 启动控制

按钮 SB2(I0.1)专门用于控制各台电动机的启动。如要启动 Q0.1(表 6-25 中 2 号电动机)时，只要连续按动 SB2 按钮两次，并且在第二次按下时保持 0.5s 以上即

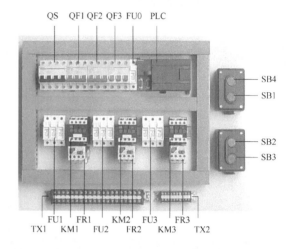

图 6-11   多台设备启/停控制硬件电路布局

可。如果要再行启动 Q0.2(3 号电动机)，也同样连续按动 SB2 按钮 3 次，且在第三次按下时保持 0.5s 以上即可。同理可随时开启 1~4 号电动机中的任何一台，并且均不受启动顺序的影响。

2. 停止控制

按钮 SB3(I0.2)专门用于控制各台电动机的停止。在任何一台电动机已经启动的情况下，也可随时按照与上述相似的方法按动按钮 SB3(I0.2)，以停止一台或数台电动机。每次只能停一台，且均不受停车顺序的影响。

3. 总启及总停控制

为方便控制，按动 SB4 时，可同时开启 4 台电动机。按动 SB1 时，可将所有处于运转状态的电动机全部停车。

4. 保护措施

系统具有必要的过载保护和短路保护。

▶▶▶ **相关知识**

一、程序控制指令

S7-200 系列 PLC 的程序控制指令包括条件结束、停止、看门狗复位、循环、跳转与标号、顺控继电器 SCR 以及诊断 LED 等指令，其中顺控继电器 SCR 指令已在本书项目五中进行了详细的讨论，以下是其他程序控制指令及应用情况的简要介绍。

1. 条件结束(END)、停止(STOP)与看门狗复位(WDR)指令

条件结束指令、停止指令与看门狗复位指令表达式见表 6-13。

表 6-13   条件结束指令、停止指令与看门狗复位指令表达式

项 目		条件结束指令	停止指令	看门狗复位指令
指令表达式	梯形图(LAD)	—(END)	—(STOP)	—(WDR)
	指令表(STL)	END	STOP	WDR

（1）条件结束

条件结束指令（END）根据前面的逻辑关系终止当前扫描周期。可以在主程序中使用条件结束指令，但在子程序或中断服务程序中不能使用该命令。

（2）停止

停止指令（STOP）导致 CPU 从 RUN 到 STOP 模式，从而可以立即终止程序的执行。如果 STOP 指令在中断程序中执行，那么该中断立即终止，并且忽略所有挂起的中断，继续扫描程序的剩余部分。完成当前周期的剩余动作，包括主用户程序的执行，并在当前扫描的最后，完成从 RUN 到 STOP 模式的转变。

（3）看门狗复位

看门狗复位指令（WDR）允许 S7-200 CPU 的系统看门狗定时器被重新触发，这样可以在不引起看门狗错误的情况下，增加当前扫描所允许的时间。

看门狗定时器又称监控定时器（Watchdog），其定时时间为 500ms，每次扫描都被自动复位一次，正常工作时扫描周期小于 500ms，则不起作用。

在以下情况下扫描周期可能大于 500ms，监控定时器会停止执行用户程序。

① 用户程序很长。

② 出现中断事件时，执行中断程序的时间较长。

③ 循环指令使扫描时间延长。

为了防止在正常情况下监控定时器动作，可以将监控定时器复位（WDR）指令插入到程序中适当的地方，使监控定时器复位。

带数字量输出的扩展模块也有一个监控定时器，每次使用 WDR 指令时，应对每个扩展模块的某一个输出字节使用立即写（BIW）指令来复位每个扩展模块的监控定时器，如表 6-14 中位于第一个输出模块的 QB2。

END、STOP 与 WDR 指令应用示例参见表 6-14。

表 6-14　END、STOP 与 WDR 指令应用示例

梯形图（LAD）	指令表（STL）
网络 1 SM5.0 —(STOP) 网络 2 SM5.6 —(WDR) MOV_BIW EN ENO QB2—IN OUT—QB2 网络 3 I0.0 —(END)	网络 1　//当检测到 I/O 错误时，强制切换到 　　　　//STOP 模式 LD SM5.0 STOP 网络 2　//当 M5.6 接通时，允许扫描周期扩展： 　　　　//1.重新触发 S7-200 CPU 的看门狗 　　　　//2.重新触发第一个输出模块的看门狗 LD M5.6 WDR BIW QB2, QB2 网络 3　//当 I0.0 接通时，终止当前扫描周期。 LD I0.0 END

2. 循环指令

在控制系统中经常遇到需要重复执行若干次同样任务的情况，这时可以使用循环指令。FOR 语句表示循环开始，NEXT 语句表示循环结束。驱动 FOR 指令的逻辑条件满足时，反

复执行 FOR 与 NEXT 之间的指令。在 FOR 指令中，需要设置指针 INDX（或称为当前循环次数计数器）、起始值 INIT 和结束值 FINAL，数据类型均为整数。循环指令 FOR/NEXT 的表达形式及操作数有效范围见表 6-15。

表 6-15　循环指令表达式及操作数范围

指令名称	梯形图（LAD）	指令表（STL）
循环开始	FOR EN　ENO ????–INDX ????–INIT ????–FINAL	FOR INDX，INIT，FINAL
循环结束	─(NEXT)	NEXT
操作数有效范围（INT）		
INDX	IW、QW、VW、MW、SMW、SW、T、C、LW、AC、*VD、*LD、*AC	
INIT、FINAL	VW、IW、QW、MW、SMW、SW、T、C、LW、AC、AIW、*VD、*AC、常数	

假设 INIT 等于 1，FINAL 等于 10，每次执行 FOR 与 NEXT 之间的指令后，INDX 的值加 1，并将结果与结束值比较。如果 INDX 大于结束值，则循环终止，FOR 与 NEXT 之间的指令将被执行 10 次。如果起始值大于结束值，则不执行循环。

下面是使用 FOR/NEXT 循环的注意事项。

① 如果启动了 FOR/NEXT 循环，除非在循环内部修改了结束值，循环就一直进行，直到循环结束。在循环的执行过程中，可以改变循环的参数。

② 再次启动循环时，它将初始值 INIT 传送到指针 INDX 中。

③ FOR 指令必须与 NEXT 指令配套使用。允许循环嵌套，即 FOR/NEXT 循环在另一个 FOR/NEXT 循环之中，最多可以嵌套 8 层。

FOR/NEXT 指令的应用示例参见表 6-16，该示例程序表明了循环指令嵌套使用时的具体情形。

表 6-16　FOR/NEXT 指令的应用示例

梯形图（LAD）	指令表（STL）

网络1
I2.0
┤├──FOR
EN　ENO
VW100–INDX
+1–INIT
+100–FINAL
 	
网络2
I2.1
┤├──FOR
EN　ENO
VW225–INDX
+1–INIT
+2–FINAL
 	
网络3
─(NEXT)
 	
网络4
─(NEXT)
	网络 1　//当 I2.0 接通时，外循环（标识
	　　　　//1）执行 100 次
	LD I2.0
	FOR VW100，+1，+100
	网络 2　//当 I2.1
	　　　　//接通时，外循环
	　　　　//每执行一次，内循环执行两次
	LD I2.1
	FOR VW225，+1，+2
	网络 3　//回路 2 结束
	NEXT
	网络 4　//回路 1 结束
	NEXT

3．跳转及标号指令

跳转指令 JMP 使程序流程跳转到指定标号 N 处的程序分支执行。标号指令 LBL 标记跳转目的地的位置 N。JMP 和对应的 LBL 指令必须在同一程序块中。跳转及标号指令的表达形式及操作数范围见表 6-17。

表 6-17　跳转及标号指令

指令名称	梯形图（LAD）	指令表（STL）
跳转指令	—(JMP) N	JMP N
标号指令	N LBL	LBL N
操作数有效范围（WORD）		
N	常数（0 到 255）	

图 6-12 所示是跳转指令在梯形图中应用的例子。网络 4 中的跳转指令使程序流程跨过一些程序分支（网络 5～15），跳转到标号 3 处继续运行。跳转指令中的"N"与标号指令中的"N"值相同。在跳转发生的扫描周期中，被跳过的程序段停止执行，该程序段涉及的各输出器件的状态保持跳转前的状态不变，不响应程序相关的各种工作条件的变化。

（1）跳转指令使用注意事项

使用跳转指令应注意以下几点。

① 由于跳转指令具有选择程序段的功能，因此在同一程序且位于因跳转而不会被同时执行程序段中的同一线圈不被视为双线圈。

② 可以有多条跳转指令使用同一标号，但不允许一个跳转指令对应两个标号，即在同一程序中不允许存在两个相同的标号。

③ 可以在主程序、子程序或者中断服务程序中使用跳转指令，跳转与之相应的标号必须位于同一段程序中（无论是主程序、子程序还是中断子程序）。可以在顺序状态程序（SCR）段中使用跳转指令，但相应的标号也必须在同一个 SCR 段中。一般将标号指令设在相关跳转指令之后，这样可以减少程序的执行时间。

④ 在跳转条件中引入上升沿或下降沿脉冲指令时，跳转只执行一个扫描周期，但若用特殊辅助继电器 SM0.0 作为跳转指令的工作条件，跳转就成为无条件跳转。

（2）跳转指令的应用实例

跳转指令最常见的应用例子是程序初始化及设备的自动、手动两种工作方式涉及的程序段选择。图 6-13 所示是手动/自动控制转换程序的结构示意图，手动/自动模式转换开关接入 PLC 输入控制端 I0.1。当转换开关闭合使 I0.1 为 1 时，程序跳转至标号指令 LBL 1 处，并执行"自动程序段"。当转换开关断开使 I0.1 为 0 时，程序将执行"手动程序段"，并通过跳转指令 JMP 2 跳过"自动程序段"。

跳转指令示例程序见表 6-18，该程序段用于控制系统的初始化处理。即 PLC 上电时可对变量存储器区域的字节元件 VB100 清 0。

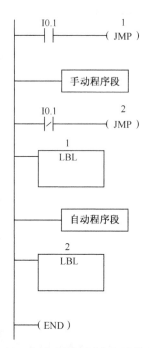

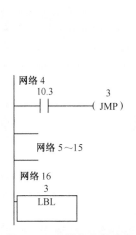

图 6-12　跳转指令的应用　　　　图 6-13　工作模式选择程序的结构示意图

表 6-18　跳转指令示例程序

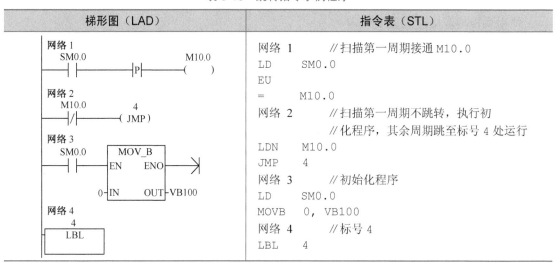

梯形图（LAD）	指令表（STL）
网络 1 SM0.0　—| |—|P|—　M10.0　( ) 网络 2 M10.0　—|/|—　4 (JMP) 网络 3 SM0.0　—| |—　MOV_B 　EN　ENO 0—IN　OUT—VB100 网络 4 4　LBL	网络 1　　//扫描第一周期接通 M10.0 LD　　SM0.0 EU =　　M10.0 网络 2　　//扫描第一周期不跳转，执行初 　　　　　//化程序，其余周期跳至标号 4 处运行 LDN　　M10.0 JMP　　4 网络 3　　//初始化程序 LD　　SM0.0 MOVB　0，VB100 网络 4　　//标号 4 LBL　　4

二、移位和循环移位指令

移位指令含移位、循环移位、移位寄存器及字节交换等指令。移位指令在程序中可用于诸如乘 2 及除 2 等运算的实现，还可用于取出数据中的有效位数字等操作。移位寄存器指令可使步序控制程序的编制变得更为方便。

1．字节、字、双字左移和右移指令

字节、字、双字左移位或右移位指令是把输入 IN 左移或右移 N 位后，把结果输出到 OUT

中。移位指令对移出位自动补零。如果位数 N 大于或等于最大允许值（对于字节操作为 8，对于字操作为 16，对于双字操作为 32），那么移位操作的次数为最大允许值，并按最大值移位。如果所需移位次数大于零，那么溢出位（SM1.1）上就是最近移出的位值。如果移位操作的结果是 0，零存储器位（SM1.0）就置位。字节（字、双字）左移位或右移位操作是无符号的。对于字和双字操作，当使用符号数据时，符号位也被移动。

字节、字、双字左移和右移指令的表达形式见表 6-19。

表 6-19 字节、字、双字左移和右移指令的表达形式

项　目		字节左移和右移指令	字左移和右移指令	双字左移和右移指令
左移指令	LAD	SHL_B EN ENO ????-IN OUT-???? ????-N	SHL_W EN ENO ????-IN OUT-???? ????-N	SHR_DW EN ENO ????-IN OUT-???? ????-N
	STL	SLB OUT, N	SLW OUT, N	SLD OUT, N
右移指令	LAD	SHR_B EN ENO ????-IN OUT-???? ????-N	SHR_W EN ENO ????-IN OUT-???? ????-N	SHR_DW EN ENO ????-IN OUT-???? ????-N
	STL	SRB OUT, N	SRW OUT, N	SRD OUT, N

2. 字节、字、双字循环移位指令

循环移位指令将被移位数据存储单元的首尾相连，同时又与溢出标志位（SM1.1）连接。

字节、字、双字循环左移或循环右移指令把输入 IN（字节、字、双字）循环左移或循环右移 N 位，把结果输出到 OUT 中。如果所需移位次数 N 大于或等于最大允许值（对于字节操作为 8、对于字操作为 16、对于双字操作为 32），那么在执行循环移位前，先对 N 执行取模操作，得到一个有效的移位次数。取模结果对于字节操作为 0～7，对于字操作为 0～15，对于双字操作为 0～31。如果移位次数为 0，循环移位指令不执行。循环移位指令执行后，最后一位的值会复制到溢出标志位（SM1.1）。如果移位次数不是 8（字节）、16（字）、32（双字）的整数倍，最后被移出的位就会被复制到溢出标志位（SM1.1）。如果移位的结果是 0，零标志位（SM1.0）被置位。

字节操作是无符号的。对于字及双字操作，当使用符号数据时，符号位也被移位。

字节、字、双字循环移位指令的表达形式见表 6-20。

表 6-20 字节、字、双字循环移位指令的表达形式

项　目		字节循环左移和右移	字循环左移和右移	双字循环左移和右移
循环左移	LAD	ROL_B EN ENO ????-IN OUT-???? ????-N	ROL_W EN ENO ????-IN OUT-???? ????-N	ROL_DW EN ENO ????-IN OUT-???? ????-N
	STL	RLB OUT, N	RLW OUT, N	RLD OUT, N

续表 6-20

项 目		字节循环左移和右移	字循环左移和右移	双字循环左移和右移
循环 右移	LAD	ROR_B EN　ENO ????─IN　OUT─???? ????─N	ROR_W EN　ENO ????─IN　OUT─???? ????─N	ROR_DW EN　ENO ????─IN　OUT─???? ????─N
	STL	RRB OUT, N	RRW OUT, N	RRD OUT, N

3. 左右移位及循环移位指令对标志位、ENO 的影响及操作数的寻址范围

移位指令影响的特殊存储器位：SM1.0（零）、SM1.1（溢出）。如果移位操作使数据变为 0，则 SM1.0 置位。

使能流输出 ENO=0 断开的出错条件是 SM4.3（运行时间）、0006（间接寻址错误）。

N、IN、OUT 操作数的数据类型为 B、W、DW，其有效寻址范围见表 6-21。

表 6-21　左右移位及循环移位指令操作数有效寻址范围

输入/输出	数据类型	操 作 数
IN	BYTE	IB、QB、VB、MB、SMB、SB、LB、AC、*VD、*LD、*AC、常数
	WORD	IW、QW、VW、MW、SMW、SW、LW、T、C、AC、AIW、*VD、*LD、*AC、常数
	DWORD	ID、QD、VD、MD、SMD、SD、LD、AC、HC、*VD、*LD、*AC、常数
OUT	BYTE	IB、QB、VB、MB、SMB、SB、LB、AC、*VD、*LD、*AC
	WORD	IW、QW、VW、MW、SMW、SW、T、C、LW、AC、*VD、*LD、*AC
	DWORD	ID、QD、VD、MD、SMD、SD、LD、AC、*VD、*LD、*AC
N	BYTE	IB、QB、VB、MB、SMB、SB、LB、AC、*VD、*LD、*AC、常数

移位及循环移位指令示例程序参见表 6-22。

表 6-22　移位及循环移位指令示例程序

梯形图（LAD）	指令表（STL）
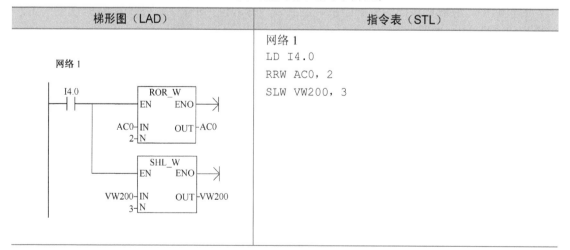	网络 1 LD I4.0 RRW AC0, 2 SLW VW200, 3

续表 6-22

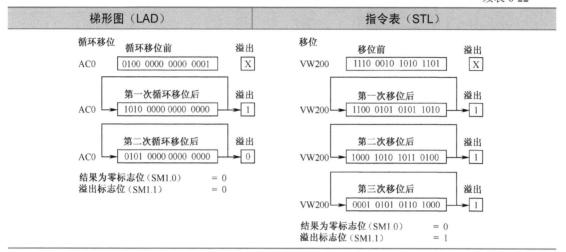

4. 寄存器移位指令

寄存器移位指令是一个移位长度可指定的移位指令。寄存器移位指令格式及操作数有效寻址范围见表 6-23。

表 6-23　寄存器移位指令格式及操作数有效寻址范围

LAD	STL	功能
SHRB EN　ENO ??.?┤DATA ??.?┤S_BIT ??.?┤N	SHRB DATA，S_BIT,N	寄存器移位

操作数有效寻址范围		
输入/输出	数据类型	操作数
DATA、S_BIT	BOOL	I、Q、V、M、SM、S、T、C、L
N	BYTE	IB、QB、VB、MB、SMB、SB、LB、AC、*VD、*LD、*AC、常数

梯形图中 DATA 为数值输入，指令执行时将该位的值移入移位寄存器。S_BIT 为寄存器的最低位。N 为移位寄存器的长度（1~64），N 为正值时左移位（由低位到高位），DATA 值从 S_BIT 位移入，移出位进入 SM1.1；N 为负值时右移位（由高位到低位），S_BIT 移出到 SM1.1，另一端补充 DATA 移入位的值。

每次使能输入端 EN 有效时，整个移位寄存器移动 1 位。最高位的计算方法 [N 的绝对值−1+（S_BIT 的位号）]/8，余数即是最高位的位号，商与 S_BIT 的字节号之和即是最高位的字节号。

使 ENO=0 的错误条件有 0006（间接寻址）、0091（操作数超出范围）和 0092（计数区错误）。受影响的 SM 标志位有 SM1.1（溢出）。

寄存器移位指令的示例程序见表 6-24。

表 6-24   寄存器移位指令示例程序

梯形图（LAD）	指令表（STL）
网络 1	网络 1
	LD I0.2
	EU
	SHRB I0.3, V100.0, +4

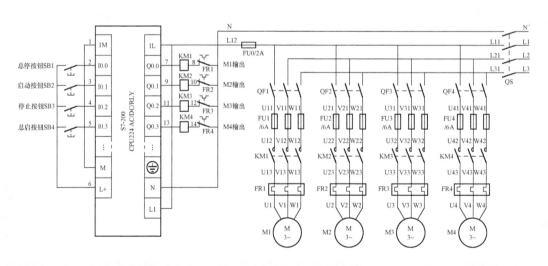

▶▶▶ 操作指导

1. 绘制控制原理图

根据学习任务绘制控制电路原理图，多台设备启停控制电路原理如图 6-14 所示。

图 6-14   多台设备启停控制电路

2. 安装电路

（1）检查元器件

根据表 6-1 配齐元器件，检查元器件的规格是否符合要求，检测元器件的质量是否完好。

（2）固定元器件

按照元器件规划位置，安装 DIN 导轨及走线槽，固定元器件。

（3）配线安装

根据配线原则及工艺要求，对照原理图进行配线安装。

① 板上元器件的配线安装。

② 外围设备的配线安装。电源进线及电动机均通过一次回路接线端子 TX1 后与主板相接，输入控制按钮通过二次回路接线端子 TX2 与主板相接。

3．自检

（1）检查布线

对照原理图检查是否掉线、错线，是否漏编、错编，接线是否牢固等。

（2）用万用表检测

用万用表检测安装的电路，应按先一次主回路，后二次控制回路的顺序进行。

主回路重点检测 L1、L2、L3 之间的电阻值，在断路器断开及接触器处于常态时，阻值均为无穷大；断路器接通并压下接触器时，为电动机绕组的阻值（零点几至几欧）。

控制回路检测时，应根据原理图检查是否有错线、掉线、错位、短路等。重点检查 PLC 配线是否正确，输入回路及输出回路之间是否可靠隔离。

4．编辑控制程序

在装有 STEP7-Micro/WIN V4.0 SP6 编程软件的计算机上，编辑 PLC 控制程序并编译后保存为"*.mwp"文件备用。图 6-15（a）所示是多台设备启停控制电路梯形图程序，图 6-15（b）所示是与之对应的指令表程序。

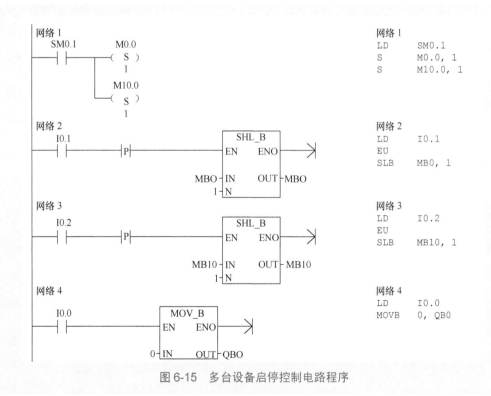

图 6-15　多台设备启停控制电路程序

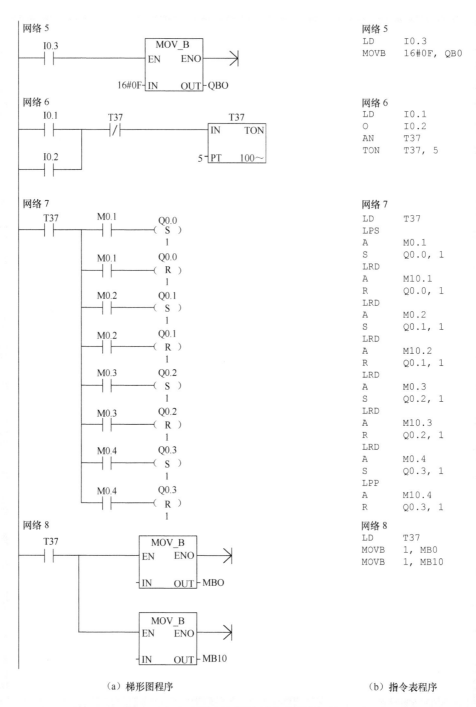

（a）梯形图程序　　　　　　　　　　　　　　（b）指令表程序

图 6-15　多台设备启停控制电路程序（续）

编程元件的地址分配如下。

（1）输入输出继电器的地址分配见表 6-25

表 6-25 输入输出继电器的地址分配表

编程元件	I/O 端子	电路器件/型号	作　用
输入继电器	I0.0	SB1/NP2-BA41（红常开）	全停止按钮
	I0.1	SB2/NP2-BA31（绿常开）	启动按钮
	I0.2	SB3/NP2-BA41（红常开）	停止按钮
	I0.3	SB4/NP2-BA31（绿常开）	全启动按钮
输出继电器	Q0.0	KM1/AC220V	1 号电动机接触器
	Q0.1	KM2/AC220V	2 号电动机接触器
	Q0.2	KM3/AC220V	3 号电动机接触器
	Q0.3	KM4/AC220V	4 号电动机接触器

（2）其他编程元件的地址分配见表 6-26

表 6-26 其他编程元件的地址分配

编程元件	编程地址	PT 值	作　用
定时器（100ms）	T37	500	操作按钮按下的时间设定
特殊功能位存储器	SM0.1	—	初始脉冲
位存储器	M0.0	—	NB0 移位准备
	M0.1～M0.4	—	Q0.0～Q0.3 置位控制
	M10.0	—	NB10 移位准备
	M10.1～M10.4	—	Q0.0～Q0.3 复位控制

5．程序下载

① 在 PLC 断电状态下，用 USB/ PPI 电缆连接计算机与 S7-200 CPU224 AC/DC/RLY 型 PLC。

② 合上控制电源开关 QS，将运行模式选择开关拨到 STOP 位置，通过软件将编制好的控制程序下载到 PLC。

注意：一定要在断开 QS 的情况下插拔适配电缆，否则极易损坏 PLC 通信接口。

6．通电运行调试

操作 SB1、SB2 、SB3 及 SB4，观察是否满足任务要求。在监视模式下对比观察各编程元件及输出设备运行情况并做好记录。

▶▶▶ **课后思考**

（1）如果要求用 1 只启动按钮和 1 只停止按钮，控制 8 台电动机的启动和停止，应如何修改控制程序？

（2）在图 6-15 所示的控制程序中，网络 2 和网络 3 中为什么要用 "P" 指令？

项 **目评价**

考核项目	考核要求	配分	评分标准	（按任务）评分		
				一	二	三
元器件安装	① 合理布置元器件； ② 会正确固定元器件	10	① 元器件布置不合理每处扣 3 分； ② 元器件安装不牢固每处扣 5 分； ③ 损坏元器件每处扣 5 分			
线路安装	① 按图施工； ② 布线合理、接线美观； ③ 布线规范、无线头松动、压皮、露铜及损伤绝缘层	40	① 接线不正确扣 30 分； ② 布线不合理、不美观每根扣 3 分； ③ 走线不横平竖直每根扣 3 分； ④ 线头松动、压皮、露铜及损伤绝缘层每处扣 5 分			
编程下载	① 正确输入梯形图； ② 正确保存文件； ③ 会转换梯形图； ④ 会传送程序	30	① 不能设计程序或设计错误扣 10 分； ② 输入梯形图错误一处扣 2 分； ③ 保存文件错误扣 4 分； ④ 转换梯形图错误扣 4 分； ⑤ 传送程序错误扣 4 分			
通电试车	按照要求和步骤正确检查、调试电路	20	通电调试不成功每次扣 5 分			
安全生产	自觉遵守安全文明生产规程	—	发生安全事故，0 分处理			
时间	5h	—	提前正确完成，每 10min 加 5 分；超过定额时间，每 5min 扣 2 分			
综合成绩（此栏由指导教师填写）						

习　　题

1．理解 S7-200 系列 PLC 的寻址方式，是正确使用各种功能指令的基础。一般存储单元都具有字节·位地址、字节寻址、字寻址及双字寻址四种寻址方式，但都采用字节地址表示存储单元的起始位置。在字（双字节）寻址及双字（四字节）寻址方式中，编号最小的字节对应数据的最高位。请分析并回答下列问题：

（1）如图 6-16 所示，当 I0.0 为 1 时，输出继电器中的哪些位置 1？

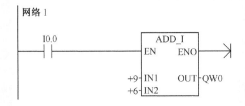

图 6-16　题 1/（1）的图

（2）如图 6-17 所示，运行图示梯形图程序后，输出继电器中的哪些位置 1？

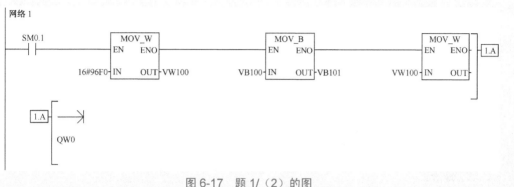

图 6-17　题 1/（2）的图

2．如果 MW4 中的数小于等于 IW2 中的数，令 M0.1 为 1 并保持，反之将 M0.1 复位为 0，试设计语句表程序。

3．用逻辑操作指令编写一段数据处理程序，将累加器 AC0 与 VW100 存储单元数据实现逻辑与操作，并将运算结果存入累加器 AC0。

4．编写一段程序，将 VB100 开始的 50 个字的数据传送到 VB100 开始的存储区。

5．用置位 S、复位 R、正跳变 EU（"P"）等指令，设计一个美术灯控制电路。要求当按钮 X005 第一次按下时，辅助继电器 M1 动作，与 Y005 相接的彩灯点亮；按钮 X005 第二次按下时，辅助继电器 M2 动作，与 Y006 相接的彩灯点亮；按钮 X005 第三次按下时，辅助继电器 M3 动作，与 Y005 及 Y006 相接的两只彩灯均点亮；按钮 X005 第四次按下时，辅助继电器 M4 动作，两只彩灯均熄灭。若再次按下按钮 X005，又循环回复为 M1 动作，与 Y006 相接的彩灯点亮。

项目七

彩灯控制电路

项目情境

随着城市建设的高速发展及市场经济的不断繁荣，各种由 PLC 控制的交通信号灯、装饰彩灯、广告彩灯越来越多地出现在城市中。针对 PLC 日益得到广泛应用的现状，本项目将学习 PLC 在交通信号灯及不同变化类型的彩灯控制系统中的应用。灯的亮灭、闪烁时间及流动方向的控制均通过 PLC 来达到控制要求。

观察彩灯的应用，如装饰灯、广告灯、布景灯多种多样的变化，分析其字形变化、色彩变化、位置变化等过程。彩灯在整个工作过程中周期性地变化其花样，只要频率不高，均适宜采用 PLC 控制。

项目实施节奏

教师根据学生掌握电气及 PLC 基本技能的熟练程度，结合器材准备情况，将全班同学按项目任务分成相应的两个大组，每个大组包含若干个学习小组，各小组成员以 2～3 名为宜。除相关知识讲授及集中点评外，2 个学习任务可分散同步进行，建议完成时间为 12 学时。

任　　务	相关知识讲授	分组操作训练	教师集中点评
一	1h	4.5h	0.5h
二	1h	4.5h	0.5h

项目所需器材

学习所需的全部工具、设备见表 7-1，根据所选学习任务的不同，各小组领用器材略有区别。详见表中备注。

表 7-1　工具、设备清单

序号	分类	名　　称	型 号 规 格	数量	单位	备注
1	任务一设备	PLC	S7-200 CPU224 AC/DC/RLY	1	台	
2		编程电缆	PC/PPI 或 USB/PC/PPI	1	根	
3		小型断路器	DZ47-63 C10/2P	1	只	
4		熔断器	RT18-32/2A	1	套	

序号	分类	名　称	型　号　规　格	数量	单位	备注
5	任务一设备	指示灯	ND16-22BS/2-220V（红）	2	只	
6		指示灯	ND16-22BS/2-220V（绿）	2	只	
7		指示灯	ND16-22BS/2-220V（黄）	2	只	
8		控制开关	NP2-BD21	1	只	
9	任务二设备	PLC	S7-200 CPU224 AC/DC/RLY	1	台	
10		编程电缆	PC/PPI 或 USB/PC/PPI	1	根	
11		小型断路器	DZ47-63 C10/2P	1	只	
12		熔断器	RT18-32/2A	1	套	
13		控制开关	NP2-BD21	1	只	
14		指示灯	ND16-22BS/2-220V（红）	8	只	
15	工具及辅材	编程计算机	配备相应软件	1	台	工具及辅材适用于所有学习任务
16		常用电工工具	—	1	套	
17		万用表	MF47	1	只	
18		控制回路端子板	TD-15/20	1	条	
19		单相电源插头（带线）	16A	1	根	
20		安装板	600mm×800mm 金属网板或木质高密板	1	块	
21		DIN 导轨	35mm	0.5	m	
22		NP2 按钮支架（非标）	170 mm×170mm×75mm	1	个	
23		走线槽	TC3025	若干	m	
24		控制回路导线	BVR 1mm² 黑色	若干	m	
25		尼龙绕线管	φ8mm	若干	m	
26		螺钉	—	若干	颗	
27		号码管、编码笔	—	若干	—	

任务一　十字路口交通信号灯自动控制电路

▶▶▶ 任务目标

（1）进一步学习顺控继电器 S 及其在并行序列顺序控制场合的应用。

（2）熟悉 SM0.0、SM0.1、SM0.5 等特殊存储器标志位在应用程序中的作用。

（3）掌握双线圈输出问题在 SCR 指令编程时的解决方法。

▶▶▶ 任务分析

城市交通道路中的十字路口是靠交通信号灯来维持交通秩序的。在每个方向都有红、黄、绿 3 种颜色的信号灯，信号灯的动作受开关总体控制，接通控制开关后，信号灯系统开始工作，并周而复始地循环动作；断开控制开关后、系统完成当前循环后停止工作。图 7-1（a）所示是某城市十字路口交通信号灯分布示意图，图 7-1（b）所示是三色信号灯点亮的时序图。

系统工作时，控制要求见表 7-2。

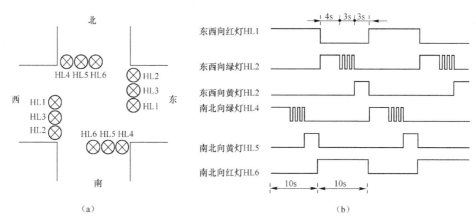

图 7-1 十字路口交通信号灯示意图

表 7-2 十字路口交通信号控制要求

东西	信号	红灯亮			绿灯亮	绿灯闪亮	黄灯亮
	时间	10s			4s	3s	3s
南北	信号	绿灯亮	绿灯闪亮	黄灯亮	红灯亮		
	时间	4s	3s	3s	10s		

具体控制要求如下。

（1）东西红灯亮维持 10s，此时南北绿灯也亮，并维持 4s 时间；到 4s 时，南北绿灯闪亮，闪亮 3s 后熄灭；在南北绿灯熄灭时，南北黄灯亮；到 3s 时，南北黄灯熄灭，南北红灯亮。同时东西红灯熄灭，绿灯亮。

（2）南北红灯亮维持 10s，东西绿灯亮维持 4s，然后闪亮 3s 熄灭；接着东西黄灯亮 3s 后熄灭，同时东西红灯亮，南北绿灯亮。

（3）在接通控制开关 SA 后，两个方向的信号灯，按上面的要求周而复始地进行工作。

（4）断开 SA，系统完成当前循环后停止工作。

十字路口交通信号灯控制电路硬件布局如图 7-2 所示。系统设总隔离开关 QS，控制电路由熔断器 FU、PLC、控制开关 SA 等组成。东西方向和南北方向各用一组三色信号灯进行模拟。

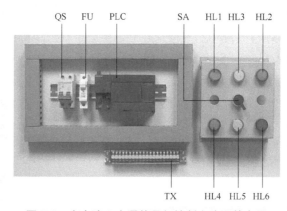

图 7-2 十字路口交通信号灯控制电路硬件布局

▶▶▶ 相关知识

采用 SCR 顺序控制指令编程，不仅梯形图简单直观，而且使顺序控制变得比较容易，可以大大地缩短程序设计时间。但在涉及双线圈输出的场合，必须妥善加以处理。现以如图 7-3 所示的花色彩灯控制为例，说明遇到双线圈输出问题时的解决方法。

顺序功能图中清楚地表明了花式彩灯的控制要求，即在 I0.0 接通时，系统以 A 灯亮 5s

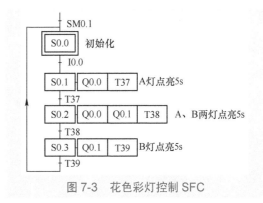

图 7-3　花色彩灯控制 SFC

→A 灯和 B 灯一起亮 5s→B 灯亮 5s→A 灯亮 5s 交替的方式自动循环。根据顺序功能图，很容易设计出如图 7-4 所示的错误的控制梯形图。

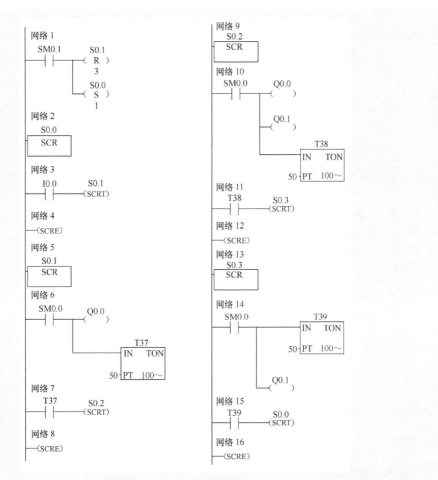

图 7-4　错误的控制梯形图

在图 7-4 中，网络 6 和网络 10 中都出现了 Q0.0 的线圈，在 S0.1 的顺控时间段，A 灯将不能被点亮。因为 PLC 是采用顺序扫描方式工作的，Q0.0 的线圈最后一次是在 S0.2 顺控时间段被扫描的，而此时顺控继电器 S0.2 未激活，Q0.0 无输出。PLC 输出刷新将以最后一次读到的 Q0.0 状态为准，所以 Q0.0 在第一时间段无输出。

正确的方法是通过位存储器 M 进行中间转换后，再通过或指令驱动 Q0.0 及 Q0.1，其梯形图如图 7-5 所示。

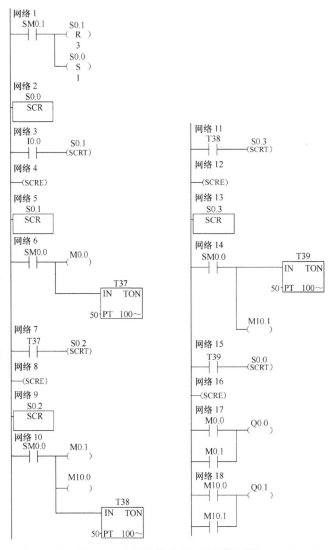

图 7-5　正确的花式彩灯控制梯形图

当然，也可使用置位及复位指令进行编程，读者可自行分析其编程方法，此处从略。

▶▶▶ **操作指导**

1．绘制控制原理图

根据学习任务绘制控制电路原理图，参考电路原理如图 7-6 所示。

2．安装电路

（1）检查元器件

根据表 7-1 配齐元器件，检查元器件的规格是否符合要求，检测元器件的质量是否完好。

（2）固定元器件

按照元器件规划位置，安装 DIN 导轨及走线槽，固定元器件。

（3）配线安装

根据配线原则及工艺要求，对照原理图进行配线安装。配线编号除了注明的以外，均采用 PLC 端子进行编号。

① 板上元器件的配线安装。

② 外围设备的配线安装。电源进线及信号灯均通过接线端子 TX 后与主板相接，输入控制开关及信号灯安装在按钮支架上。

3．自检

检查布线。对照原理图检查是否掉线、错线，是否漏编、错编，接线是否牢固等。

控制回路检测时，应根据原理图检查是否有错线、掉线、错位、短路等。重点检查 PLC 配线是否正确，输入回路及输出回路之间是否可靠隔离。

4．编辑控制程序

根据控制要求，先绘制如图 7-7 所示的顺序功能图，再由此编辑梯形图程序。

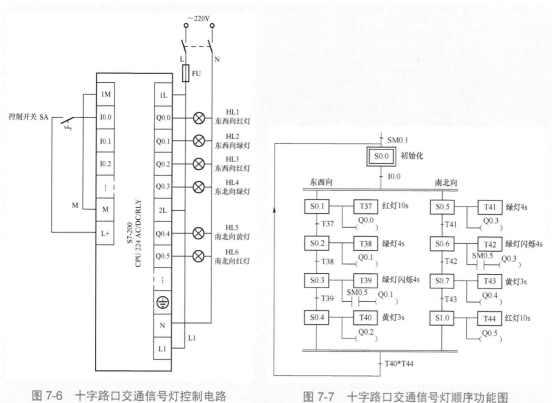

图 7-6　十字路口交通信号灯控制电路　　　图 7-7　十字路口交通信号灯顺序功能图

在装有 STEP7-Micro/WIN V4.0 SP6 编程软件的计算机上，编辑 PLC 控制程序并在编译后保存为"*.mwp"文件备用。图 7-8（a）所示是十字路口交通信号灯控制梯形图程序，图 7-8（b）所示是与之对应的指令表程序。

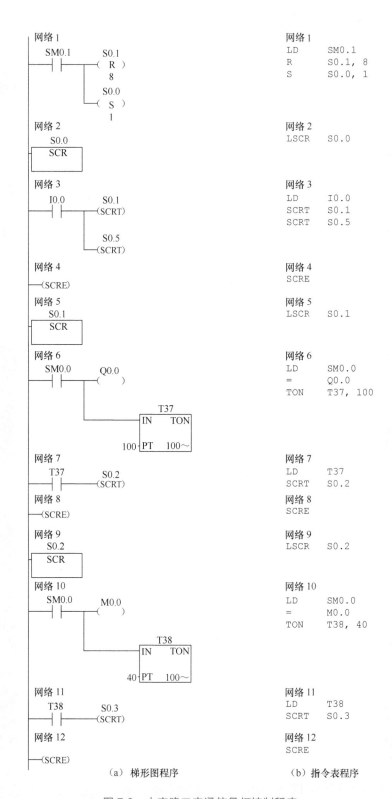

（a）梯形图程序   （b）指令表程序

图 7-8　十字路口交通信号灯控制程序

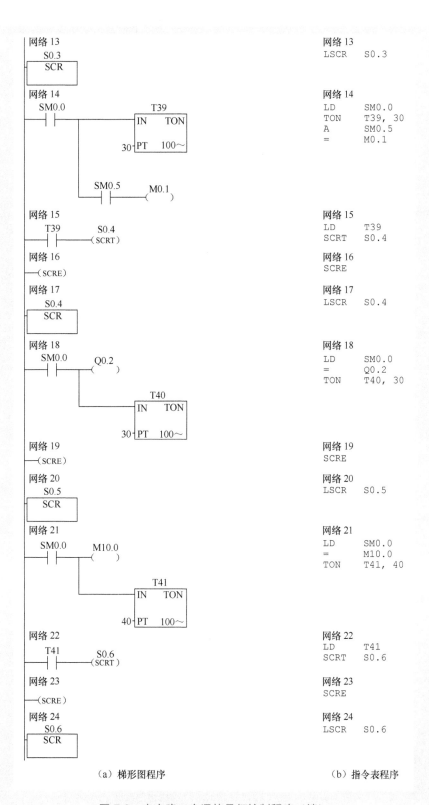

（a）梯形图程序　　　　　（b）指令表程序

图 7-8　十字路口交通信号灯控制程序（续）

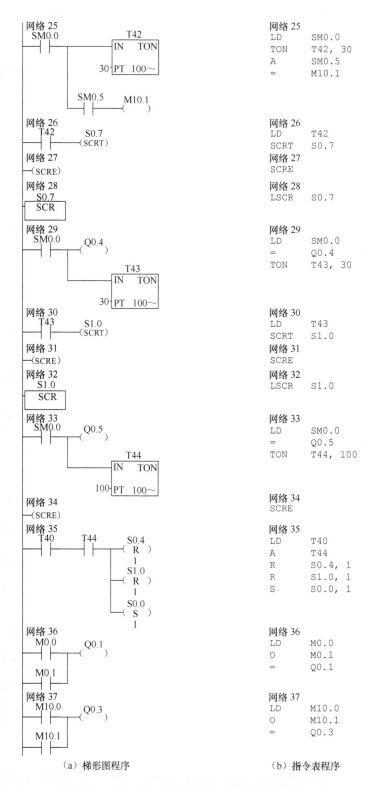

（a）梯形图程序　　　　　　　　（b）指令表程序

图 7-8　十字路口交通信号灯控制程序（续）

编程元件地址分配如下。

（1）输入输出继电器的地址分配见表 7-3

表 7-3　输入输出继电器的地址分配

编程元件	I/O 端子	电路器件	作　用
输入继电器	I0.0	SA	控制开关
输出继电器	Q0.0	HL1	东西向红灯
	Q0.1	HL2	东西向绿灯
	Q0.2	HL3	东西向黄灯
	Q0.3	HL4	南北向绿灯
	Q0.4	HL5	南北向黄灯
	Q0.5	HL6	南北向红灯

（2）其他编程元件的地址分配见表 7-4 所示

表 7-4　其他编程元件的地址分配

编程元件	I/O 端子	PT	作　用
顺控继电器	S0.0	—	初始状态
	S0.1~S0.4	—	东西向信号灯状态控制
	S0.5~S1.0	—	南北向信号灯状态控制
时间继电器	T37~T40	100、40、30、30	东西向信号灯时间控制
	T41~T44.	40、30、30、100	南北向信号灯时间控制
位存储器	M0.0、M0.1	—	Q0.1 控制中间变换
	M10.0、M10.1	—	Q0.3 控制中间变换

5. 程序下载

（1）在 PLC 断电状态下，用 USB/ PPI 电缆连接计算机与 S7-200 CPU224 AC/DC/RLY 型 PLC。

（2）合上控制电源开关 QS，将运行模式选择开关拨到 STOP 位置，通过软件将编制好的控制程序下载到 PLC。

注意： 一定要在断开 QS 的情况下插拔适配电缆，否则极易损坏 PLC 通信接口。

6. 通电运行调试

合合上或断开控制开关 SA，观察是否满足任务要求。在监视模式下对比观察各编程元件及输出设备运行情况并做好记录。

▶▶▶ **课后思考**

（1）在图 7-8 所示的控制程序中，两个方向的绿灯都在相邻的两个步序中出现，即双线圈输出，如果采用置位及复位指令，应如何对 Q0.1 及 Q0.3 进行编程？

（2）为什么在断开控制开关 SA 时，系统只能在完成当前循环之后，才能停止所有输出？如果想要在不切断电源的情况下，断开 SA，立即关闭所有输出，应如何编程？

任务二　具有 3 种循环模式的广告彩灯控制电路

▶▶▶ **任务目标**

（1）学习 S7-200 系列 PLC 算术运算指令。

（2）掌握比较、传送、增 1/减 1、堆栈操作等指令在 PLC 彩灯循环控制程序中的使用方法。

▶▶▶ **任务分析**

广告及节日彩灯通常采用 PLC 进行控制，本电路由 S7-200 CPU224 AC/DC/RLY 单元对 8 只（组）彩灯进行花样循环控制。控制要求为：PLC 上电即开始工作，8 只（组）彩灯按下列 3 种模式不断循环工作，即按模式 1→模式 2→模式 3→模式 1……不断循环点亮 8 只(组)彩灯。

模式 1：单灯循环点亮运行。

该模式下，HL1 首先点亮，0.5s 后 HL1 熄灭 HL2 点亮，依此规律 HL1～HL8 逐一点亮 0.5s。HL8 熄灭后进入下一模式。

模式 2：4 灯循环点亮运行。

进入该模式后，HL1 首先点亮，0.5s 后 HL1 及 HL2 均点亮。又过 0.5s 后 HL1、HL2 及 HL3 均点亮。再过 0.5s 后 HL1、HL2、HL3 及 HL4 等 4 只彩灯点亮。此后以编号为 2345、3456、4567、5678、678、78、8 的彩灯点亮，节拍均为 0.5s。当 HL8 熄灭后进入下一模式。

模式 3：8 灯逐一点亮并逐一熄灭。

进入该模式后，8 只彩灯按 HL1～HL8 的顺序逐一点亮，然后仍以 HL1～HL8 的顺序逐一熄灭。当 HL8 熄灭后重新进入模式 1，并以模式 1→模式 2→模式 3→模式 1 循环的方式不断运行。

根据彩灯循环控制要求，使用 PLC 内部位存储元件 M0.0~M0.3，将其分别作为系统初始化、模式 1、模式 2 及模式 3 的控制元件，可绘制如图 7-9 所示的工作流程图（SFC），其中 VB0、VB1 及 VB2 为循环节拍计数存储器。

3 种循环模式彩灯控制电路硬件布局如图 7-10 所示。

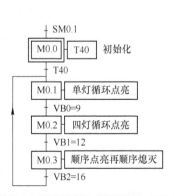

图 7-9　顺序控制工作流程图（SFC）

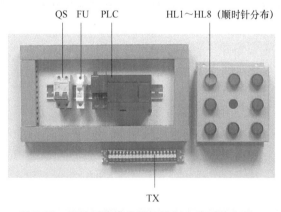

图 7-10　3 种循环模式彩灯控制电路硬件布局

▶▶▶ **相关知识**

一、加/减运算

加/减运算指令是对符号数的加/减运算操作。包括整数加/减、双整数加/减运算和实数加/减运算。

加/减运算指令梯形图采用指令盒格式，指令盒由指令类型、使能端 EN、操作数（IN1、IN2）输入端、运算结果输出端 OUT、逻辑结果输出端 ENO 等组成。

1．加/减运算指令格式

加/减运算 6 种指令的梯形图指令格式见表 7-5。

表 7-5　加/减运算指令格式及功能

梯形图（LAD）			功　　能
ADD_I EN　ENO ????⊣IN1　OUT⊢???? ????⊣IN2	ADD_DI EN　ENO ????⊣IN1　OUT⊢???? ????⊣IN2	ADD_R EN　ENO ????⊣IN1　OUT⊢???? ????⊣IN2	IN1+IN2=OUT
SUB–I EN　ENO ????⊣IN1　OUT⊢???? ????⊣IN2	SUB–DI EN　ENO ????⊣IN1　OUT⊢???? ????⊣IN2	SUB–R EN　ENO ????⊣IN1　OUT⊢???? ????⊣IN2	IN1-IN2=OUT

2．指令类型和运算关系

（1）整数加/减运算（ADD_I/SUB_1）

使能 EN 输入有效时，将两个单字长（16 位）符号整数（1N1 和 IN2）相加/减，然后将运算结果送 OUT 指定的存储器单元输出。

STL 运算指令及运算结果：

```
整数加法：MOVW  IN1, OUT    // IN1→OUT
          +I    IN2, OUT    // OUT+IN2=OUT
整数减法：MOVW  IN1, OUT    // IN1→OUT
          -I    IN2, OUT    // OUT-IN2=OUT
```

从 STL 运算指令可以看出，IN1、IN2 和 OUT 操作数的地址不相同时，STL 将 LAD 的加/减运算分别用两条指令描述。

IN1 或 IN2=OUT 时的整数加法：

```
+I  IN2, OUT   // OUT+IN2=OUT
```

IN1 或 IN2＝OUT 时，加法指令节省一条数据传送指令，本规律适用于所有算术运算指令。

（2）双整数加/减运算（ADDD_I/SUBD_I）

使能 EN 输入有效时，将两个双字长（32 位）符号整数（1N1 和 IN2）相加/减，运算结果送 OUT 指定的存储器单元输出。

STL 运算指令及运算结果：

```
双整数加法。MOVD   IN1, OUT    //IN1→OUT
              +D   IN2, OUT    //OUT+IN2=OUT
双整数减法。MOVD   IN1, OUT    //IN1→OUT
              -D   IN2, OUT    //OUT-IN2=OUT
```

（3）实数加/减运算（ADD_R/SUB_R）

使能输入 EN 有效时，将两个双字长（32 位）的有符号实数 IN1 和 IN2 相加/减，运算结果送 OUT 指定的存储器单元输出。

LAD 运算结果：IN1±IN2=OUT

STL 运算指令及运算结果：

```
实数加法：MOVR  IN1, OUT    //IN1→OUT
            +R  IN2, OUT    //OUT+IN2=OUT
实数减法：MOVR  IN1, OUT    //IN1→OUT
            -R  IN2, OUT    //OUT-IN2=OUT
```

3．加/减运算指令操作数寻址范围

与其他算术运算指令一样，IN1、IN2、OUT 操作数的数据类型均为 INT、DINT、REAL。操作数寻址范围见表 7-6。

表 7-6　四则运算指令操作数有效范围

输入/输出	数据类型	操作数
IN1、IN2	INT	IW、QW、VW、MW、SMW、SW、LW、T、C、AC、AIW、*VD、*LD、*AC、常数
	DINT	ID、QD、VD、MD、SMD、SD、LD、AC、HC、*VD、*LD、*AC、常数
	REAL	ID、QD、VD、MD、SMD、SD、LD、AC、*VD、*LD、*AC、常数
OUT	INT	IW、QW、VW、MW、SMW、SW、LW、T、C、AC、*VD、*LD、*AC、
	DINT REAL	ID、QD、VD、MD、SMD、SD、LD、AC、*VD、*LD、*AC

4．对标志位的影响

算术运算指令影响特殊标志的算术状态位 SM1.0～SM1.3，并建立指令盒能流输出 ENO。

（1）算术状态位（特殊标志位）

SM1.0（零），SM1.1（溢出），SM1.2（负）。

SM1.1 用来指示溢出错误和非法值。如果 SM1.1 置位，SM1.0 和 SM1.2 的状态无效，原始操作数不变。如果 SM1.1 不置位，SM1.0 和 SM1.2 的状态反映算术运算的结果。

（2）ENO（能流输出位）

输入使能 EN 有效，运算结果无错时，ENO＝1，否则 ENO＝0（出错或无效）。使能流输出 ENO 断开的出错条件有：SM1.1=1（溢出），0006（间接寻址错误），SM4.3（运行时间）。

加/减运算指令示例程序见表 6-8 所示，梯形图指令很容易理解，IN1 总是作为"被"加数或"被"减数，运算结果则送 OUT。如果 OUT 地址与 IN1 或 IN2 中的一个相同，指令执行后该地址中的数据将被更新。与计算机工作原理一样，累加器中的数据被作为"被"加数或"被"减数与加数或减数一起送入运算器运算后，其结果又重新送入累加器，理解这一点后，也就不

难读懂示例程序中的指令表了（表7-7），5条运算指令的第二个操作数均为输出地址。

表7-7 加/减运算指令示例程序

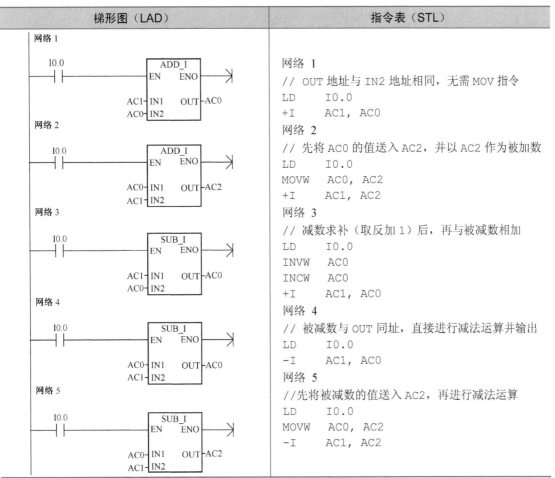

梯形图（LAD）	指令表（STL）

网络1
I0.0
ADD_I EN ENO / AC1-IN1 OUT-AC0 AC0-IN2
网络2
I0.0
ADD_I EN ENO / AC0-IN1 OUT-AC2 AC1-IN2
网络3
I0.0
SUB_I EN ENO / AC1-IN1 OUT-AC0 AC0-IN2
网络4
I0.0
SUB_I EN ENO / AC0-IN1 OUT-AC0 AC1-IN2
网络5
I0.0
SUB_I EN ENO / AC0-IN1 OUT-AC2 AC1-IN2
	网络 1
	// OUT 地址与 IN2 地址相同，无需 MOV 指令
	LD I0.0
	+I AC1, AC0
	网络 2
	// 先将 AC0 的值送入 AC2，并以 AC2 作为被加数
	LD I0.0
	MOVW AC0, AC2
	+I AC1, AC2
	网络 3
	// 减数求补（取反加 1）后，再与被减数相加
	LD I0.0
	INVW AC0
	INCW AC0
	+I AC1, AC0
	网络 4
	// 被减数与 OUT 同址，直接进行减法运算并输出
	LD I0.0
	-I AC1, AC0
	网络 5
	//先将被减数的值送入 AC2，再进行减法运算
	LD I0.0
	MOVW AC0, AC2
	-I AC1, AC2

二、乘/除运算

乘/除运算是对符号数的乘法运算和除法运算。包括有整数乘/除运算，双整数乘/除运算，整数乘/除双整数输出运算，实数乘/除运算等。

1．乘/除运算指令格式

乘/除运算指令格式见表7-8。

表7-8 乘/除运算指令格式及功能

梯形图（LAD）				功　能
MUL-I EN ENO ????-IN1 OUT-???? ????-IN2	MUL-DI EN ENO ????-IN1 OUT-???? ????-IN2	MUL EN ENO ????-IN1 OUT-???? ????-IN2	MUL-R EN ENO ????-IN1 OUT-???? ????-IN2	乘法运算
DIV-I EN ENO ????-IN1 OUT-???? ????-IN2	DIV-DI EN ENO ????-IN1 OUT-???? ????-IN2	DIV EN ENO ????-IN1 OUT-???? ????-IN2	DIV-R EN ENO ????-IN1 OUT-???? ????-IN2	除法运算

乘/除运算指令采用同加减运算相类似的指令盒格式。指令分为：

MUL_I/DIV_I 整数乘/除运算；

MUL_DI/DIV_DI 双整数乘/除运算；

MUL/DIV 整数乘/除双整数输出；

MUL_R/DIV_R 实数乘/除运算等 8 种类型。

LAD 指令执行的结果。乘法 IN1*IN2=OUT

除法 IN1/IN2=OUT

2．乘/除运算指令功能

乘/除运算指令功能如下。

① 整数乘/除法指令（MUL_I/D1V_I）。使能端 EN 输入有效时，将两个单字长（16 位）符号整数 LN1 和 IN2 相乘/除，产生一个单字长（16 位）整数结果，从 OUT（积/商）指定的存储器单元输出。

STL 指令格式及功能：

```
整数乘法：MOVW INI, OUT    //IN1→OUT
         *I   IN2, OUT    //OUT*IN2=OUT
整数除法：MOVW INI, OUT    //IN1→OUT
         /I   IN2  OUT    //OUT/IN2=OUT
```

② 双整数乘/除法指令（MUL_DI/DIV_DI）。使能端 EN 输入有效时，将两个双字长（32 位）符号整数 INl 和 IN2 相乘/除，产生一个双字长（32 位）整数结果，从 OUT（积/商）指定的存储器单元输出。

STL 指令格式及功能：

```
双整数乘法：MOVD IN1, OUT    //IN1→OUT
           *D   IN2, OUT    //OUT*IN2=OUT
双整数除法：MOVD IN1, OUT    //IN1→OUT
           /D   IN2, OUT    //OUT/IN2=OUT
```

③ 整数乘/除指令（MUL/DIV）。使能端 EN 输入有效时，将两个单字长（16 位）符号整数 IN1 和 IN2 相乘/除，产生一个双字长（32 位）整数结果，从 OUT（积/商）指定的存储器单元输出。整数除法产生的 32 位结果中低 16 位是商，高 16 位是余数。

STL 指令格式及功能：

```
整数乘法产生双整数：MOVW  IN1, OUT    //IN1→OUT
                   MUL   IN2, OUT    //OUT*IN2=OUT
整数除法产生双整数：MOVW  IN1, OUT    //IN1→OUT
                   DIV   IN2, OUT    //OUT/IN2=OUT
```

④ 实数乘/除法指令（MUL_R/DIV_R）。使能端 EN 输入有效时，将两个双字长（32 位）符号实数 IN1 和 IN2 相乘/除，产生一个双字长（32 位）实数结果，从 OUT（积/商）指定的

存储器单元输出。

STL 指令格式及功能：

实数乘法：MOVR　IN1,OUT　　// IN1→OUT
　　　　　　*R　　IN2,OUT　　// OUT*IN2 =OUT
实数除法：MOVR　IN1,OUT　　// IN1→OUT
　　　　　　/R　　IN2,OUT　　// OUT/IN2 =OUT

3. 操作数寻址范围

IN1、IN2、OUT 操作数的数据类型根据乘/除法运算指令功能分为 INT/（WORD）、DINT、REAL。IN1、IN2、OUT 操作数的寻址范围见表 7-6。

4. 对标志位的影响

乘/除运算指令影响特殊标志的算术状态位 SM1.0～SM1.3，并建立指令盒能流输出 ENO。

① 乘/除运算指令执行的结果影响算术状态位（特殊标志位）：SM1.0（零），SM1.1（溢出），SM1.2（负），SM1.3（被 0 除）。

乘法运算过程中 SM1.1（溢出）被置位，就不写输出，并且所有其他的算术状态位置为 0。（整数乘法产生双整数指令输出不会产生溢出）。

如果除法运算过程中 SM1.3 置位（被 0 除），其他的算术状态位保留不变，原始输入操作数不变。SM1.3 不被置位，所有有关的算术状态位都是算术操作的有效状态。

② 使能流输出 ENO=0 断开的出错条件是：SM1.1（溢出），SM4.3（运行时间），0006（间接寻址错误）。

实数运算指令的使用情况见表 7-9，其他四则运算指令的使用情况，读者可参阅 S7-200 系统相关手册。

表 7-9　实数运算指令示例程序

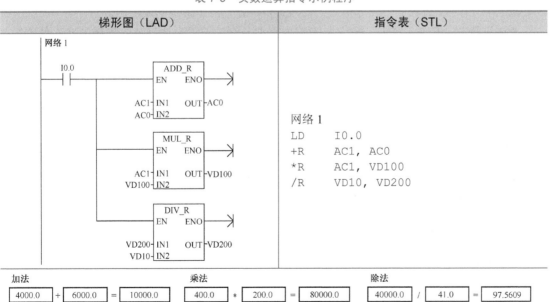

三、递增和递减指令

递增和递减指令常称之为增 1/减 1 指令，用于计数器自增、自减操作，以实现累加计数和循环控制等程序的编制。梯形图为指令盒格式，增 1/减 1 指令操作数长度可以是字节（无符号数）、字或双字（有符号数）。IN 和 OUT 操作数寻址范围见表 7-6，指令格式见表 7-10。

表 7-10 增 1/减 1 指令格式

梯形图（LAD）			功　　能
INC_B EN ENO ???? IN　OUT ????	INC_W EN ENO ???? IN　OUT ????	INC_DW EN ENO ???? IN　OUT ????	字节、字、双字增 1 OUT+1=OUT
DEC_B EN ENO ???? IN　OUT ????	DEC_W EN ENO ???? IN　OUT ????	DEC_DW EN ENO ???? IN　OUT ????	字节、字、双字减 1 OUT-1=OUT

1．字节增 1/减 1（1NCB/DECB）

字节增 1 指令（1NCB），用于使能端 EN 输入有效时，把一个字节的无符号输入数 IN 加 1，得到一个字节的运算结果，通过 OUT 指定的存储器单元输出。

字节减 1 指令（DECB），用于使能端 EN 输入有效对，把一个字节的无符号输入数 IN 减 1，得到一个字节的运算结果，通过 OUT 指定的存储器单元输出。

2．字增 1/减 1（1NCW/DECW）

字增 1（1NCW）/减 1（DECW）指令，用于使能端 EN 输入有效时，将单字长符号输入数 IN 加 1/减 1，得到一个字的运算结果，通过 OUT 指定的存储器单元输出。

3．双字增 1/减 1（1NCDW/DECDW）

双字增 1/减 1（1NCDW/DECDW）指令用于使能端 EN 输入有效时，将双字长符号输入数 IN 加 1/减 1，得到双字的运算结果，通过 OUT 指定的存储器单元输出。

上述三种指令的 IN、OUT 操作数的数据类型分别为 BYTE（字节）、INT（16 位整数）和 DINT（32 位整数），递增和递减指令的有效操作数见表 7-11。

表 7-11 递增和递减指令的有效操作数

输入/输出	数据类型	操作数
IN	BYTE	IB、QB、VB、MB、SMB、SB、LB、AC、*VD、*LD、*AC、常数
	INT	IW、QW、VW、MW、SMW、SW、LW、T、C、AC、AIW、*VD、*LD、*AC、常数
	DINT	ID、QD、VD、MD、SMD、SD、LD、AC、HC、*VD、*LD、*AC、常数
OUT	BYTE	IB、QB、VB、MB、SMB、SB、LB、AC、*VD、*AC、*LD
	INT	IW、QW、VW、MW、SMW、SW、T、C、LW、AC、*VD、*AC、*LD、
	DINT	ID、QD、VD、MD、SMD、SD、LD、AC、*VD、*LD、*AC

4．对标志位的影响

递增和递减指令对标志位有如下影响。

① 递增和递减指令执行的结果影响算术状态位（特殊标志位）：SM1.0（结果为 0），SM1.1（溢出），SM1.2（结果为负）对于字和双字操作有效。

② 使能流输出 ENO=0 断开的出错条件是：SMl.1（溢出）， 0006（间接寻址错误）。

递增和递减指令示例程序见表 7-12。

表 7-12　递增和递减指令示例程序

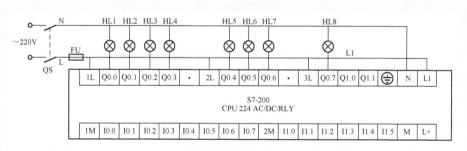

梯形图（LAD）	指令表（STL）

操作指导

1. 绘制控制电路原理图

根据学习任务绘制控制电路原理图，系统采用 S7-200 CPU224 AC/DC/RLY 型 PLC，3 种循环模式彩灯控制电路如图 7-11 所示。图中给出了 PLC 所有端子名及其分布位置，该电路无输入控制元件，所有输入接点均未使用。因 CPU224 为 14 点输入及 10 点输出，所以输出端子中的 Q1.0、Q1.1 也没有使用。受 PLC 触点允许电流限制，实际运用时，每只（组）彩灯功率不得大于 200W。

图 7-11　3 种循环模式彩灯控制电路

2. 安装电路

（1）检查元器件

根据表 7-1 配齐元器件，检查元器件的规格是否符合要求，检测元器件的质量是否完好。

（2）固定元器件

按照元器件规划位置，安装 DIN 导轨及走线槽，固定元器件。

（3）配线安装

根据配线原则及工艺要求，对照原理图进行配线安装。导线编号除了注明的以外，均采用 PLC 端子名称编号。

① 板上元器件的配线安装。

② 外围设备的配线安装。8 只指示灯按如图 7-10 所示的彩灯循环控制电路硬件布局方位，按序号顺时针安装在按钮支架上，并通过接线端子 TX 与主板相接。

3．自检

（1）检查布线

对照原理图检查是否掉线、错线，是否漏编、错编，接线是否牢固等

（2）用万用表检测

用万用表检测安装的电路。

4．编辑控制程序

根据图 7-9 所示的顺序控制工作流程图（SFC），编辑 3 种循环模式彩灯控制电路控制程序。3 种循环模式彩灯控制电路参考程序如图 7-12 所示。

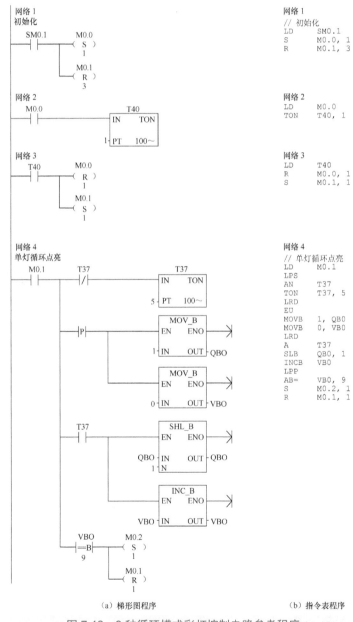

（a）梯形图程序　　　　　　　　　　（b）指令表程序

图 7-12　3 种循环模式彩灯控制电路参考程序

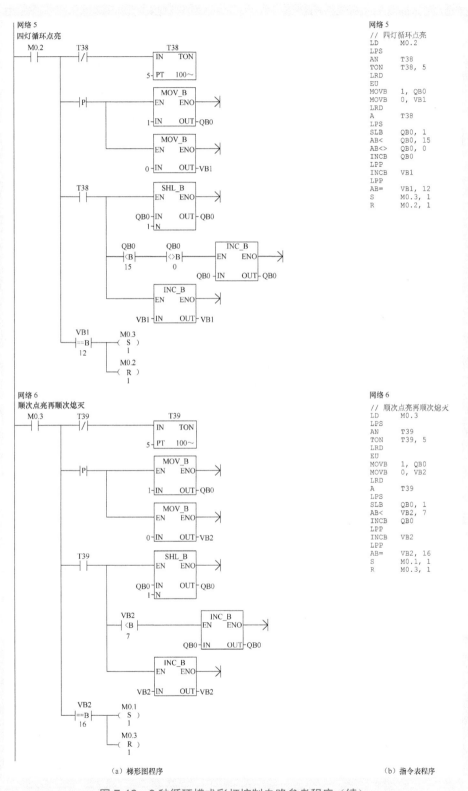

网络5
四灯循环点亮

网络5
```
// 四灯循环点亮
LD      M0.2
LPS
AN      T38
TON     T38, 5
LRD
EU
MOVB    1, QB0
MOVB    0, VB1
LRD
A       T38
LPS
SLB     QB0, 1
AB<     QB0, 15
AB<>    QB0, 0
INCB    QB0
LPP
INCB    VB1
LPP
AB=     VB1, 12
S       M0.3, 1
R       M0.2, 1
```

网络6
顺次点亮再顺次熄灭

网络6
```
// 顺次点亮再顺次熄火
LD      M0.3
LPS
AN      T39
TON     T39, 5
LRD
EU
MOVB    1, QB0
MOVB    0, VB2
LRD
A       T39
LPS
SLB     QB0, 1
AB<     VB2, 7
INCB    QB0
LPP
INCB    VB2
LPP
AB=     VB2, 16
S       M0.1, 1
R       M0.3, 1
```

(a) 梯形图程序

(b) 指令表程序

图7-12 3种循环模式彩灯控制电路参考程序（续）

编程元件的地址分配见表 7-13。

表 7-13　编程元件的地址分配表

编程元件	编程地址	PT 值	作　用
输出继电器	Q0.0～Q0.7	—	彩灯开关控制
定时器（100ms）	T37	5	单灯循环时钟脉冲
	T38	5	四灯循环时钟脉冲
	T39	5	顺序点亮再顺序熄灭时钟脉冲
	T40	1	初始过渡时间
特殊功能位存储器	SM0.1	—	初始脉冲
位存储器	M0.0	—	初始状态控制位
	M0.1	—	单灯循环点亮控制位
	M0.2	—	四灯循环点亮控制位
	M0.3	—	顺序点亮再顺序熄灭控制位
变量存储器位组元件	VB0	—	单灯循环移位计数
	VB1	—	四灯循环移位计数
	VB2	—	顺序点亮再顺序熄灭移位计数

彩灯循环控制电路参考梯形图及指令表程序，总体采用了以转换为中心的顺序控制结构形式。

网络 1～3 为初始化程序，网络 4～6 分别采用 M0.1～M0.3 这 3 个位存储器控制彩灯在 3 种不同循环模式下工作。

网络 4 为单灯循环点亮工作模式程序段。M0.1 接通的第一扫描周期，MOV_B 指令将 Q0.0 置 1，Q0.1～0.7 清零，同时将移位计数器 VB0 清零备用。T37 接成脉冲发生器形式，每 0.5s 其常开触点接通一个扫描周期，从而使字节元件 QB0 左移。由于字节移位指令 SHL_B 在移位后自动补零，所以得到单灯循环点亮效果。

每移位 1 次 VB0 加 1，当比较触点指令检测到已移位 9 次时，将 M0.2 置 1，M0.1 清零，进而转入下一个工作循环方式。

网络 5 中的四灯循环方式与单灯循环不同之处在于：T38 常开触点置 1 时不仅产生左移，而且将 QB0 加 1，即在末位补 1。但补 1 的前提条件由两个比较触点指令控制，即已有 4 只灯点亮（QB0 为二进制 1111，或 10 进制 15）时不补 1，或者已全部移出时（QB0=0）也不补 1。从第 1 只灯点亮直至最后一个灯移出熄灭时，比较触点指令检测到 VB1=12，进而转入下一工作循环模式。

网络 6 中的工作模式为顺序点亮后再顺序熄灭，只需由比较指令控制移位后的补 1 操作次数小于 7 即可。停止补 1 操作后的继续移位即为顺序熄灭，全部移出后，VB2=16，系统重新置 M0.1 为 1，程序使系统进入下一个周期的循环。

5. 程序下载

① 在 PLC 断电状态下，用 USB/ PPI 电缆连接计算机与 S7-200 CPU224 AC/DC/RLY 型 PLC。

② 合上控制电源开关 QS，将运行模式选择开关拨到 STOP 位置，通过软件将编制好的

控制程序下载到 PLC。

注意：一定要在断开 QS 的情况下插拔适配电缆，否则极易损坏 PLC 通信接口。

6．通电运行调试

通过软件，使 PLC 进入运行方式，观察彩灯是否立即按要求方式循环工作。

▶▶▶ 课后思考

（1）为什么在 3 种循环模式彩灯控制电路程序中，MOV 指令采用脉冲执行方式"P"。

（2）为什么在 3 种循环模式彩灯控制电路程序中，要先进行 SHL_B 的移位操作，再做 INC_B 的操作？

 **目评价**

考核项目	考核要求	配分	评分标准	（按任务）评分	
				一	二
元器件安装	① 合理布置元器件； ② 会正确固定元器件	10	① 元器件布置不合理每处扣 3 分； ② 元器件安装不牢固每处扣 5 分； ③ 损坏元器件每处扣 5 分		
线路安装	① 按图施工； ② 布线合理、接线美观； ③ 布线规范、无线头松动、压皮、露铜及损伤绝缘层	40	① 接线不正确扣 30 分； ② 布线不合理、不美观每根扣 3 分； ③ 走线不横平竖直每根扣 3 分； ④ 线头松动、压皮、露铜及损伤绝缘层每处扣 5 分		
编程下载	① 正确输入梯形图； ② 正确保存文件； ③ 会转换梯形图； ④ 会传送程序	30	① 不能设计程序或设计错误扣 10 分； ② 输入梯形图错误一处扣 2 分； ③ 保存文件错误扣 4 分； ④ 转换梯形图错误扣 4 分； ⑤ 传送程序错误扣 4 分		
通电试车	按照要求和步骤正确检查、调试电路	20	通电调试不成功每次扣 5 分		
安全生产	自觉遵守安全文明生产规程		发生安全事故，0 分处理		
时间	5h		提前正确完成，每 10min 加 5 分；超过定额时间，每 5min 扣 2 分		
综合成绩（此栏由指导教师填写）					

习 题

1．设计一个报警电路。输入点 I0.0 为报警输入，当 I0.0 为 ON 时，报警灯 Q0.0 闪亮，闪烁频率为 ON 0.5s，OFF 0.5s。报警蜂鸣器 Q0.1 有音响输出。报警响应 I0.1 为 ON 时，报警灯由闪烁变为常亮且停止音响。按下报警解除按钮 I0.2，报警灯熄灭。为测试报警灯和报警蜂鸣器的好坏，可用测试按钮 I0.3 随时测试。试画出控制程序梯形图，写出语句表，并加注释。

2．用 I0.0 控制接在 Q0.0～Q0.7 上的 8 个彩灯循环移位，用 T37 定时，每 0.5s 移 1 位，首次扫描时给 Q0.0～Q0.7 置初值，用 I0.1 控制彩灯移位的方向，I0.1=1 时左移，反之右移。设计出彩灯控制梯形图程序。

3．编写一段程序，将 VB0 开始的 256 个字节存储单元清零。

STEP7-Micro/WIN V4.0 SP6 编程软件的安装与使用

随着 PLC 应用技术的不断进步，西门子公司 S7-200 系列 PLC 编程软件的功能也在不断完善，尤其是汉化工具的运用，使 PLC 的编程软件更具有可读性。本附录以 2007 年版本的 S7-200 系列 PLC 编程软件为例，介绍编程软件的安装、功能和使用方法，并结合应用实例介绍用户程序的输入、编辑、调试及监控运行的方法。

一、SIMATIC S7-200 编程软件

1. STEP7-Micro/WIN V4.0 SP6 编程软件

SIMATIC S7-200 编程软件是指西门子公司为 S7-200 系列 PLC 编制的工业编程软件的集合，其中 STEP7-Micro/WIN V4.0 SP6 软件是基于 Windows 的应用软件，是新版本编程软件 STEP7-Micro/WIN V4.0 的升级版，适用于 S7-200 系列 PLC 的系统设置（CPU 组态）、用户程序开发和实时监控运行。升级版 Microwin V4.0 SP6 扩充了 V4.0 的功能，Toolbox（工具箱）提供了用户指令和触摸屏 TP070 的组态软件。

2. 编程软件的安装

编程软件 STEP7-Micro/WIN V4.0 SP6 可以安装在 PC（个人计算机）及 SIMATIC 编程设备 PG70 上。在 PC 上安装的条件和方法如下。

（1）安装条件

PC 采用 Microsoft Windows 2000 Service Pack 3（或更新版本）或 Windows XP/Vista 操作系统。

（2）安装方法

① 关闭包括 MS-Office 工具栏在内的所有应用程序。

② 将 STEP 7-Micro/WIN CD 盘插入光盘驱动器。如果未禁止自动运行选项，安装程序将自动运行。也可以通过双击光盘上的 Setup.exe 文件，手动运行安装程序。

③按照屏幕上显示的说明完成安装。

注意：

如要在 Windows 2000/XP/Vista 操作系统上安装 STEP 7-Micro/WIN，必须登录为管理员。

在安装 STEP 7-Micro/WIN 时，安装程序会要求指定目标目录。建议在安装新版本前，先拆卸旧版的 STEP 7-Micro/WIN。最好使用控制面板的"添加/删除程序"卸载旧版软件。

必要时可查看光盘软件的 Readme 文件。

3. 建立 S7-200 CPU 的通信

S7-200 CPU 与 PC 之间有两种通信连接方式，一种是采用专用的 PC/PPI 电缆，另一种是

采用 MPI 卡和普通电缆。可以使用 PC 作为主设备，通过 PC/PPI 电缆或 MPI 卡与一台或多台 PLC 相连，实现主、从设备之间的通信。以下仅讨论使用 S7-200 设备的网络配置实例。

（1）单主站 PPI 网络

对于简单的单主站网络来说，编程站可以通过 PPI 多主站电缆或编程站上的通信处理器（CP）卡与 S7-200 CPU 进行通信。

在附图 1-1（a）所示的网络实例中，编程站（STEP7-Micro/WIN）是网络的主站。在附图 1-1（b）的网络实例中，人机界面（HMI）设备（例如：TD200、TP 或者 OP）是网络的主站。在这两个网络中，S7-200 CPU 都是从站，响应来自主站的要求。

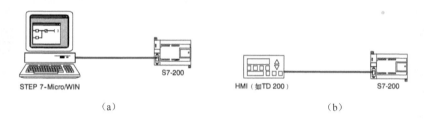

附图 1-1　单主站 PPI 网络

对于单主站 PPI 网络，需要配置 STEP 7-Micro/WIN 使用 PPI 协议。如果可能的话，不要选择多主站网络，也不要选中 PPI 高级选框。

（2）多主站 PPI 网络

附图 1-2（a）中给出了有一个从站的多主站网络示例。编程站（STEP7-Micro/WIN）可以选用 CP 卡或 PPI 多主站电缆。STEP 7-Micro/WIN 和 HMI 共享网络。

STEP 7-Micro/WIN 和 HMI 设备都是网络的主站，它们必须有不同的网络地址。如果使用 PPI 多主站电缆，那么该电缆将作为主站，并且使用 STEP7-Micro/WIN 提供给它的网络地址，S7-200 CPU 将作为从站。

附图 1-2（b）中给出了多个主站和多个从站进行通信的 PPI 网络实例。在例子中，STEP 7-Micro/WIN 和 HMI 可以对任意 S7-200 CPU 从站读写数据。STEP7-Micro/WIN 和 HMI 共享网络。所有设备（主站和从站）有不同的网络地址。如果使用 PPI 多主站电缆，那么该电缆将作为主站，并且使用 STEP7-Micro/WIN 提供给它的网络地址。S7-200 CPU 将作为从站。

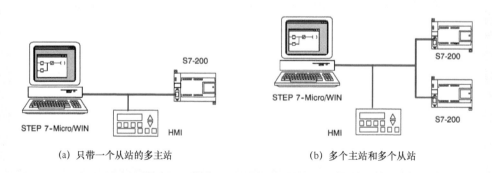

（a）只带一个从站的多主站　　　　　（b）多个主站和多个从站

附图 1-2　多主站 PPI 网络

对于带多个主站和一个或多个从站的网络，需配置 STEP 7-Micro/WIN 使用 PPI 协议，如果可能，还应使用多主网络并选中 PPI 高级选项。如果使用的电缆是 PPI 多主站电缆，那么多主网络和 PPI 高级选项便可以忽略。

（3）通信参数设置

通信参数设置的内容有 S7-200 CPU 地址、PC 软件地址和接口（PORT）等设置。

附图 1-3 所示的是设置通信参数的对话框。打开"查看"菜单，光标移动到组件（C），出现子菜单，单击其中的"通信（M）"，出现通信参数。系统编程器的本地地址默认值为 0。远程地址的选择项按实际 PC/PPI 电缆所带 PLC 的地址设定。需要修改其他通信参数时，双击"PC/PPI Cable（电缆）"图标，可以重新设置通信参数。远程通信地址可以采用自动搜索的方式获得。

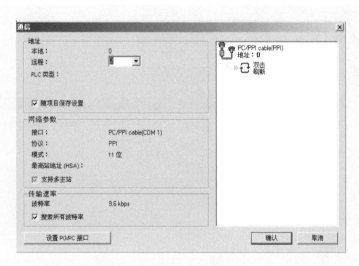

附图 1-3　通信参数设置的对话框

二、STEP7-Micro/WIN 窗口组件及功能

编程软件 STEP7-Micro/WIN 的基本功能是协助用户完成 PLC 应用程序的开发，同时具有设置 PLC 参数、加密和远程监视等功能。

STEP7-Micro/WIN 编程软件在离线条件下，可以实现程序的输入、编辑和编译等功能。

编程软件在联机工作方式（PLC 与编程 PC 相连）可实现上载、下载、通信测试及实时监控等功能。STEP7-Micro/WIN 窗口的首行主菜单包括有文件、编辑、查看、PLC、调试、工具、视窗、帮助等，主菜单下方两行为快捷按钮工具栏，其他为窗口信息显示区，如附图 1-4 所示。

窗口信息显示区分别为程序数据显示区、浏览栏、指令树和输出视窗显示区。当在"查看"菜单子目录项的工具栏中选中浏览栏和指令树时，可在窗口左侧垂直地依次显示出浏览栏和指令树窗口。选中工具栏的输出视窗时，可在窗口的下方横向显示输出窗口。非选中时为隐藏方式。输出视窗下方为状态栏，提示 STEP7-Micro/WIN 的状态信息。

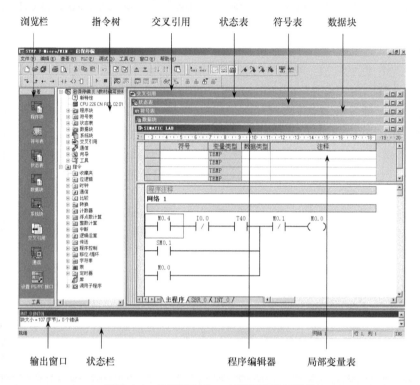

附图 1-4　STEP7-Micro/WIN32 窗口组件

1．主菜单及子目录的状态信息

（1）文件

文件的操作有新建、打开、关闭、保存、另存为、设置密码、导入、导出、上载、下载、新建库、添加/删除库、库存储区、页面设置、打印及预览等。

（2）编辑

编辑菜单提供程序的撤消、剪切、复制、粘贴、全选、插入、删除、查找、替换和转到子目录等，用于程序的修改操作。

（3）查看

查看菜单的功能有 6 项：①可以用来选择在程序数据显示窗口区显示不同的程序编辑器，如语句表（STL）、梯形图（LAD）和功能图（FBD）；②可以进行数据块和符号表的设定；③对系统块配置、交叉引用和通信参数进行设置；④工具栏区可以选择浏览栏、指令树及输出视窗的显示与否；⑤缩放图像项可对程序区显示的百分比等内容进行设定；⑥对程序块的属性进行设定。

（4）PLC

PLC 菜单用以建立与 PLC 联机时的相关操作，如用软件改变 PLC 的工作模式，对用户程序进行编辑，清除 PLC 程序及电源启动重置，显示 PLC 信息及 PLC 类型设置等。

（5）调试

调试菜单用于联机形式的动态调试，有首次扫描、多次扫描和程序状态等选项。选项子菜单与"查看"菜单的缩放功能一致。

（6）工具

工具菜单提供复杂指令向导（PID、NETR/NETW、HSC 指令）、TD200 设置向导和 TP070（触摸屏）的设置。在客户自定义选项（子菜单）可添加工具。

（7）窗口

窗口菜单可以选择窗口区的显示内容及显示形式（梯形图、语句表及各种表格）。

（8）帮助

帮助菜单可以提供 S7-200 的指令系统及编程软件的所有信息，并提供在线帮助和网上查询、访问、下载等功能。

2．工具栏、浏览栏和指令树

STEP7-Micro/WIN 提供了两行快捷按钮工具栏，也可以通过工具菜单自定义。

（1）工具栏快捷按钮

标准工具栏如附图 1-5 所示，快捷按钮的功能自左而右为：打开新项目，打开现有项目，保存当前项目，打印，打印预览，剪切选择并复制到剪切板，将选择内容复制到剪切板，将剪切板内容粘贴到当前位置，撤销最近输入，编译程序块或数据块（激活窗口内），全部编译（程序块、数据块及系统块），从 PLC 向 STEP7-Micro/WIN 上载项目，从 STEP7-Micro/WIN 向 PLC 下载项目，顺序排序（符号表名称列按照 A～Z 排序），逆序排序（符号表名称列按照 Z～A 排序），缩放（设定梯形图及功能块图视图的放大程度）。

新建、打开、保存、打印、预览、剪切、粘贴、拷贝和撤销按钮用于修改程序；编译和全部编译按钮用于检查用户程序语法错误，然后在输出视窗框内显示编译结果；载入（上载）和下载按钮用于实现 PLC 与 PC 之间的程序及数据传递。

附图 1-5　标准工具栏

第二行工具栏中的指令工具栏提供与编程相关的按钮。主要有编程元件类快捷按钮和网络的插入、删除等。不同的程序编辑器，指令工具栏的内容不同。LAD（梯形图）编辑器的指令工具栏如附图 1-6 所示。指令工具栏中快捷按钮的功能自左而右为：行下插入，行上插入，行左插入，行右插入，插入触点，插入线圈，插入指令盒。

公用指令工具栏如附图 1-7 所示，其功能为：插入网络，删除网络，切换 POU 注释，切换网络注释，切换符号信息表，书签管理等。

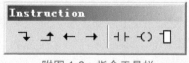

附图 1-6　指令工具栏

附图 1-7　公用指令工具栏

调试工具栏如附图 1-8 所示，快捷按钮的功能自左而右为：将 PLC 设定成运行模式，将 PLC 设定成停止模式，程序状态监控，暂停程序状态监控，状态表监控，趋势图，暂停趋势图，单次读取，全部写入，强制 PLC 数据（状态图、梯形图编辑或功能块图编辑），对 PLC 数据取消强制（状态图、梯形图编辑或功能块图编辑），全部取消强制（状态图、梯形图编辑或功能块图编辑），读取全部强制数值（状态图、梯形图编辑或功能块图编辑）。

附图 1-8　调试工具栏

（2）浏览栏

浏览栏中设置了控制程序特性的控制按钮，包括程序块显示、符号表、状态图表、数据块、系统块、交叉参考及通信等。

（3）指令树

以树形结构提供所有项目对象和当前编程器的所有指令。双击指令树中的指令符，能自动在梯形图显示区光标位置插入所选的梯形图指令（在语句表程序中，指令树只作为参考）。

3．程序编辑器窗口

程序编辑器窗口包含项目所用编辑器的局部变量表、符号表、状态图表、数据块、交叉引用、程序视图（梯形图、功能块图或语句表）和制表符。制表符在窗口的最下方，可在制表符上单击，使编程器显示区的程序在子程序、中断及主程序之间移动。

（1）交叉引用

交叉引用窗口用以提供用户程序所用的 PLC 资源信息。在程序编译后，单击浏览栏中的"交叉引用"按钮打开程序的"交叉引用"窗口，了解程序在何处使用了何种符号及内存赋值。

（2）数据块

数据块允许对 V（变量存储器）进行初始数据赋值。操作形式分为字节、字或双字。

（3）状态图

在向 PLC 下载程序后，可以建立一个或多个状态图表，用于联机调试时监视各变量的值和状态。

在 PLC 运行方式，可以打开"状态图"窗口，在程序扫描执行时，连续、自动地更新状态图表的数值。

打开状态图是为了程序检查，但不能对程序进行编辑。程序的编辑需要在关闭状态图的情况下进行。

（4）符号表/全局变量表

在编程时，为增加程序的可读性，可以不采用元件的直接地址作为操作数，而是用带有实际含义的自定义符号名作为编程元件的操作数。这时需要用符号表建立自定义符号名与直接地址编号之间的对应关系。

符号表与全局变量表的区别是数据类型列。符号表是 SIMATIC 编程模式，无数据类型；全局变量表是 IEC 编程模式，有数据类型列。利用符号表或全局变量表可以对 3 种程序组织单位（POU）中的全局符号进行赋值，该符号值能在任何 POU（S7-200 的 3 种程序组织单位是主程序、子程序和中断程序）中使用。

（5）局部变量表

局部变量包括 POU 中局部变量的所有赋值，变量在表内的地址（暂时存储区）由系统处理。

使用局部变量有两个优点：①创建可移植的子程序时，可以不引用绝对地址或全局符号；②使用局部变量作为临时变量（局部变量定义为 TEMP 类型）进行计算时，可以释放 PLC 内存。

4．加密

所有的 S7-200 CPU 都提供了密码系统保护，用以限定对某些待定的 CPU 功能的使用。对 S7-200 CPU 存取功能的限制分为 4 个等级，可根据需要选择。

（1）设置密码方法

使用 STEP7-Micro/WIN 给 CPU 创建密码。单击"查看"→"组件"→"系统块"→"密码"，出现如附图 1-9 所示的对话框，选择加密等级（即权限），然后输入密码并确认。

全部权限（1 级）：所有的 PLC 功能都可以不受限制的使用。

部分权限（2 级）：只读权限。用户能够读和写 PLC 的数据，以及上载程序。用户必须有密码才能下载程序，强制数据，或进行存储卡编程。

最小权限（3 级）：最低权限。用户能够读和写 PLC 的数据。用户必须有密码才能上载和下载程序，强制数据，或进行存储卡编程。

禁止上载（4 级）：不准许上载。这一级密码保护功能能阻止任何程序上载（即使有正确的密码也不行）。此选项也不准许进行程序执行状态监控、运行模式编辑和项目比较。其他PLC 功能处于和第三级密码相同的保护状态。

（2）清除密码

若忘记密码，则必须清除 CPU 存储器中的程序，装入新的程序。当进入 PLC 程序进行上载、下载操作时，弹出"请输入密码"对话框，输入 clearplc 后确认，PLC 密码清除，同时清除 PLC 中的程序。

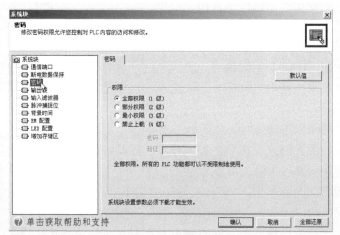

附图 1-9　密码设置

三、建立项目（用户程序）

1．打开已有的项目文件

打开已有项目文件常用的方法有两种。

（1）由"文件"菜单打开，引导到现存项目并打开文件。

（2）由文件名打开，最近工作项目的文件名在"文件"菜单下列出，可直接选择而不必打开对话框。另外也可以用 Windows 资源管理器寻找到适当的目录，项目文件在.mwp 扩展名的文件中。

2．创建新项目（文件）

创建新项目（文件）的方法有 3 种。

（1）单击"新建"按钮。

（2）打开"文件"菜单，单击"新建"按钮，建立一个新文件。

（3）单击浏览栏中"程序块"图标，新建一个 STEP7-Micro/WIN 项目。

3．确定 PLC 类型

打开一个项目，开始写程序前可以选择 PLC 的类型。确定 PLC 类型有两种方法。

（1）在指令树中单击项目 1（CPU），在弹出的对话框中单击"类型（T）..."，弹出"PLC 类型"对话框，选择所用 PLC 型号后，单击"确认"按钮。

（2）用 PLC 菜单选择"类型（T）..."项，弹出"PLC 类型"对话框，然后选择正确的 PLC 类型。

四、梯形图编辑器

1．梯形图元素的工作原理

触点代表电流可以通过的开关，线圈代表由电流充电的中继或输出；指令盒代表电流到达此框时执行指令盒的功能。例如计数、定时或数学操作。

2．梯形图排布规则

网络必须从触点开始，以线圈或没有 ENO 端的指令盒结束。指令盒有 ENO 端时，电流扩展到指令盒以外，能在指令盒后放置指令。每个用户程序，一个线圈或指令盒只能使用一次，并且不允许多个线圈串联使用。

3．在梯形图中输入指令（编程元件）

（1）进入梯形图（LAD）编辑器

打开"查看"菜单，单击"阶梯（L）"选项，可以进入梯形图编辑状态，程序编辑窗口显示梯形图编辑图标。

（2）编程元件的输入方法

编程元件包括线圈、触点、指令盒等。程序一般是顺序输入，即自上而下、自左而右地在光标所在处放置编程元件（输入指令），也可以移动光标在任意位置输入编程元件。每输入一个编程元件光标自动向前移到下一列；换行时单击下一行位置移动光标。如附图 1-10 所示，图中的框即为光标。图中├──┤是一个梯形图的开始，──→表示可以继续输入编程元件。

编程元件的输入有指令树双击、拖放和单击工具栏按钮或操作快捷键等若干方法。在梯形图编辑器，单击工具栏按钮或按 F4 键（触点）、F6 键（线圈）、F9 键（指令盒）以及在指令树双击均可以选择输入编程元件。

工具栏（见附图 1-6）有 7 个编程按键，前 4 个为连接导线，后 3 个为触点、线圈、指令盒。

编程元件的输入首先是在程序编辑窗口中将光标移到需要放置元件的位置，然后输入编程元件。编程元件的输入有两种方法。

① 单击输入编程元件，例如输入触点元件，将光标移到编程区域，单击工具栏中的"触点"按钮打开下拉菜单，如附图 1-11（a）所示。选中编程元件，按 Enter 键，输入编程元件图形，再单击编程元件符号上方的???，输入操作数。

② 采用功能键（F4、F6、F9 等）、移位键和 Enter 键配合使用安放编程元件。例如安放输出触点，按 F6 键弹出如附图 1-11（b）所示的下拉菜单，在下拉菜单中选择编程元件（可使用移位键寻找需要的编程元件）后，按 Enter 键，编程元件出现在光标处，再次按 Enter 键，光标选中元件符号上方的???，输入操作数后按回车键确认，然后用移位键光标将光标移到下一行，输入新的程序。当输入地址、符号超出范围或与指令类型不匹配时，在该值下面出现红色波浪线。一行程序输入结束后，单击图中该行下方的编程区域，输入触点生成新的一行。

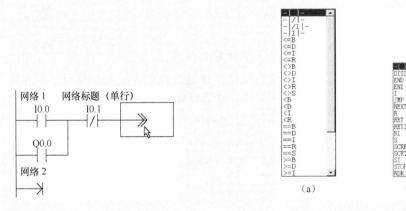

附图 1-10　梯形图指令编辑器　　　　　附图 1-11　触点、线圈指令的下拉对话框

（3）上、下行导线的操作

将光标移到要合并的触点处，单击上行或下行线按钮。

（4）梯形图功能指令的输入

采用指令树双击的方式可在光标处输入功能指令，如附图 1-12 所示。

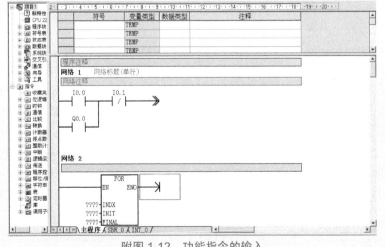

附图 1-12　功能指令的输入

4．程序的编辑及参数设定

程序的编辑包括程序的剪切、复制、粘贴、插入和删除、字符串替换和查找等。

（1）插入和删除

程序插入和删除的选项有行、列、阶梯、向下分支的竖直垂线、中断或子程序等。插入和删除的方法有如下两种。

① 在程序编辑区右击，弹出如附图 1-13 所示的下拉菜单，单击插入或删除项，在弹出的子菜单中单击插入或删除的选项进行程序编辑。

② 用编辑菜单选择插入或删除项，弹出子菜单后，单击插入或删除的选项进行程序编辑。

（2）程序的复制、粘贴

程序的复制、粘贴，可以由编辑菜单选择复制和

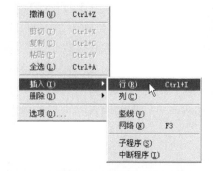

附图 1-13　插入操作

粘贴项，也可以由工具栏中复制和粘贴的快捷按钮进行复制和粘贴，还可以用光标选中复制内容后右击，在弹出的快捷菜单中选择复制，然后粘贴。

程序复制，分为单个元件复制和网络复制两种。单个元件复制是在光标含有编程元件时单击复制项。网络复制可通过在复制区拖动光标或使用 SHIFT 及上下移位键，选择单个或多个相邻网络，网络变黑选中后复制。光标移到粘贴处后，可以单击已有效的粘贴按钮进行粘贴。

（3）符号表

利用符号对 POU 中符号赋值的方法为：单击浏览条中符号表按钮，在程序显示窗口的符号表内输入参数，建立符号表。符号表如附图 1-14 所示。

			符号	地址	注释
1			S1	I0.0	M1启动
2			S2	I0.1	M1停止
3			M1	Q0.0	1#电机
4					
5					

附图 1-14　符号表

符号表的使用方法有如下两种。

① 编程时使用符号名称，在符号表中填写符号名和对应的直接地址。

② 编程时使用直接地址，符号表中填写符号名和对应的直接地址，编译后，软件直接赋值。使用上述两种方法经编译后，由查看菜单选中符号寻址项后，直接地址将转换成符号表中对应的符号名。由查看菜单选中符号信息表项，在梯形图下方出现符号表，格式如附图 1-15 所示。

（4）局部变量表

可以拖动分割条，展开局部变量表并覆盖程序视图。此时可设置局部变量表，附图 1-16 所示为局部变量表的格式。

局部变量有 4 种定义类型：IN（输入），OUT（输出），IN_OUT（输入_输出），TEMP（临时）。

IN、OUT 类型的局部变量，由调用 POU（3 种程序）提供输入参数或调用 POU 返回的输出参数。

IN_OUT 类型，数值由调用 POU 提供参数，经子程序的修改后返回 POU。

TEMP 类型，临时保存在局部数据堆栈区内的变量，一旦 POU 执行完成，临时变量的数据将不再有效。

附图 1-15　带符号表的梯形图

	符号	变量类型	数据类型	注释
		TEMP		
		TEMP		
		TEMP		
		TEMP		

附图 1-16　局部变量表

5. 程序的编译及上载、下载

（1）编译

用户程序编辑完成后，用 CPU 的下拉菜单或工具栏中的"编译"按钮对程序进行编译，经编译后在显示器下方的输出窗口显示编译结果，并能明确指出错误的网络段，可以根据错误提示对程序进行修改，然后再次编译，直至编译无误。

（2）下载

用户程序编译成功后，单击标准工具栏中的"下载"按钮或拉开"文件"菜单，选择"下载"项，弹出如附图 1-17 所示的程序下载信息，经选定程序块、数据块和系统块等下载内容后，按"确认"按钮，将选中的内容下载到 PLC 的存储器中。

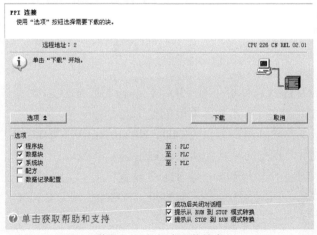

附图 1-17　程序下载信息

（3）载入（上传）

上传指令的功能是将 PLC 中未加密的程序或数据向上送入编程器（PC）。

上载方法是单击标准工具栏中的"上载"快捷键或者在"文件"菜单选择"上载"项，弹出"上载"对话框，选择程序块、数据块和系统块等上载内容后，可在程序显示窗口上载 PLC 内部程序和数据。

五、程序的监视、运行、调试及其他

1．程序的运行

当 PLC 工作方式开关在 TERM 或 RUN 位置时，操作 STEP7-Micro/WIN 的菜单命令或快捷按钮都可以对 CPU 工作方式进行软件设置。

2．程序监视

3 种程序编辑器都可以在 PLC 运行时监视程序执行的过程和各元件的状态及数据，这里重点介绍梯形图编辑器监视运行的方法。

梯形图监视功能：打开"调试"菜单，选中程序状态，这时闭合触点和通电线圈内部颜色变蓝（呈阴影状态）。在 PLC 的运行（RUN）工作状态，随输入条件的改变、定时及计数过程的进行，每个扫描周期的输出处理阶段将各个器件的状态刷新，可以动态显示各个定时和计数器的当前值，并用阴影表示触点和线圈通电状态，以便在线动态观察程序的运行，如附图 1-18 所示。

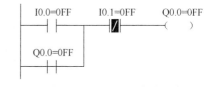

附图 1-18　梯形图运行状态的监视

3．动态调试

结合程序监视运行的动态显示，分析程序运行的结果及影响程序运行的因素，然后退出程序运行和监视状态，在 STOP 状态下对程序进行修改编辑、重新编译、下载和监视运行，如此反复修改调试，直至得出正确的运行结果。

4．编程语言的选择

SIMATIC 指令与 IEC 1131-3 指令的选择方法为：打开"工具"菜单，单击"选项"，弹出如附图 1-19 所示的对话框，即可在对话框中选择指令。例如 SIMATIC 指令，"助记符集"选"国际"，"编程模式"选"SIMATIC"，即选中 SIMATIC 指令。此外，STEP7-Micro/WIN V4.0 SP6 编程软件是多语言界面的工程软件，可在选项对话框的常规选项通过语言栏选择中文模式。

5．其他功能

STEP7-Micro/WIN 编程软件提供有 PID（闭环控制）、HSC（高速计数）、NETR/NETW（网络通信）和人机界面 TD（文本显示器）的使用向导功能。

工具菜单下的指令向导选项，可以为 PID、NETR/NEIW 和 HSC 指令快捷简单地设置复杂的选项，选项完成后，指令向导将为所选设置生成程序代码。

工具菜单的文本显示向导选项，是 TD 的设置向导，用来帮助设置 TD 的信息。如附图 1-20 所示对话框，在该界面可选择 TD200、TD200C 或 TD400C 等不同型号的文本显示器。设置完成后，向导将生成支持 TD 的数据块代码。

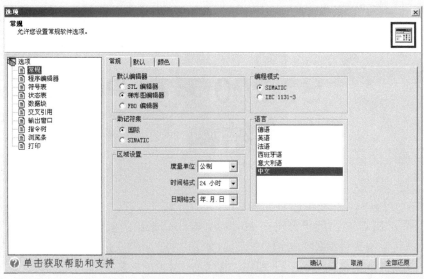

附图 1-19 "选项"对话框

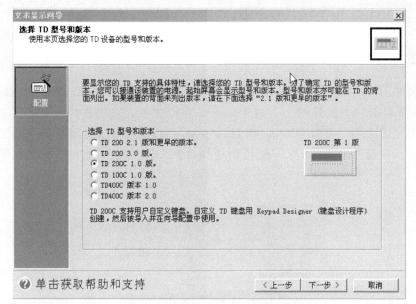

附图 1-20 文本显示向导设置

S7-200 系列 PLC 的基本结构

S7-200 系列 PLC 是西门子公司在 20 世纪 90 年代推出的整体式小型 PLC。早些时候称为 CPU21X，其后的改进型称为 CPU22X。21X 及 22X 各有四五个型号，其结构紧凑，功能强，具有很高的性能价格比，在中小规模控制系统中应用广泛。

S7-22X 系列 PLC 可提供 5 种不同的基本单元和多种规格的扩展单元。其系统构成除基本单元和扩展单元外，还有编程器、存储卡、写入器和文本显示器等。以下是 CPU22X 系列 PLC 基本单元和扩展单元的各项技术指标及应用知识。

一、基本单元（CPU 单元）

S7-22X 系列 PLC 有 CPU221、CPU222、CPU224、CPU226 和 CPU226XM 共 5 种型号。其外接线端子位于机身的上下两侧，这是连接输入、输出器件及电源用的端子。为了方便接线，CPU224、CPU226 和 CPU226XM 机型采用可插拔整体端子。用于通信的 RS-485 接口在机身的左下部，为方便通信连接，CPU224 和 CPU226 机型设有两个 RS-485 接口。

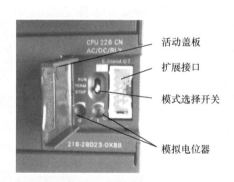

附图 2-1　扩展接口、模式选择开关及模拟电位器

如附图 2-1 所示，基本单元右侧活动盖板下有用于连接扩展单元的扩展接口，还设有模式选择开关，具有 RUN/STOP/TERM 3 种状态。CPU 在 RUN 状态下执行完整的扫描过程；在 STOP 状态下则可与装载 STEP7-WIN 编程软件的计算机通信，以下载及上载应用程序；TERM 状态是一种暂态，可以用程序将 TERM 转换为 RUN 或 STOP 状态，在调试程序时很有用处。TERM 状态还和机器的特殊标志位 SM0.7 有关，可用于自由口通信时

的控制。

模拟电位器也装在前盖下，调节模拟电位器的位置，可改变 CPU 单元中特殊寄存器（SM28、SM29）中的数值，以改变程序运行时的参数，如定时器、计数器的预置值等。该功能为现场进行过程参数的外部设定提供了方便。

西门子公司在 2004 年 8 月 28 日举行了新一代 S7-200 产品发布会，推出了升级产品 CPU224 和 CPU226。全新产品 CPU 224XP 除了具备升级 CPU 的特性外，还集成有 2 路模拟量输入（10 位，±DC10V），1 路模拟量输出（10 位，DC0～10V 或 0～20mA），有 2 个 RS-485 通信接口，高速脉冲输出频率提高到 100kHz，2 相高速计数器频率提高到 100kHz，有 PID 自整定功能。这种新型 CPU 增强了 S7-200 在运动控制、过程控制、位置控制、数据监视和采集（远程终端应用）以及通信方面的功能。

S7-200 标准产品参考信息及主要技术指标见附表 2-1 及附表 2-2，使用时可根据需要进行选择。

附表 2-1　S7-200 CPU22X 系列 PLC 标准产品

CPU 模板	CPU 供电（标称）	数字量输入	数字量输出	通讯口	模拟量输入	模拟量输出	可拆卸连接
OPU221	24VDC	6×24VDC	4×24VDC	1	否	否	否
CPU221	120 至 240 VAC	6×24VDC	4×继电器	1	否	否	否
CPU222	24VDC	8×24VDC	6×24VDC	1	否	否	否
GPU222	120 至 240 VAC	8×24VDC	6×继电器	1	否	否	否
GPU224	24VDC	14×24VDC	10×24VDC	1	否	否	是
GPU224	120 至 240 VAC	14×24VDC	10×继电器	1	否	否	是
CPU224XP	24VDC	14×24VDC	10×24VDC	2	2	1	是
CP0224XPsi	24VDC	14×24VDC	10×24VDC	2	2	1	是
CPU224XP	120 至 240 VAC	14×24VDC	10×继电器	2	2	1	是
CPU226	24VDC	24×24VDC	16×24VDC	2	否	否	是
CPU226	120 至 240 VAC	24×24VDC	16×继电器	2	否	否	是

附表 2-2 S7-200 CPU22X 系列 PLC 主要技术指标

	CPU221	CPU222	CPU224	CPU 224XP CPU 224XPsi	CPU226
存储器					
用户程序大小					
运行模式下编辑	4096 字节		8192 字节	12288 字节	16384 字节
非运行模式下编辑	4096 字节		12288 字节	16384 字节	24576 字节
用户数据	2048 字节		8192 字节	10240 字节	10240 字节
掉电保持（超级电容） （可选电池）	50h 典型（最少 8h，40℃） 200 日典型		100h 典型（最少 70h，40℃） 200 日典型	100h 典型（最少 70h，40℃） 200 日典型	
I/O					
数字量 I/O	6 输入/4 输出	8 输入/6 输出	14 输入/10 输出	14 输入/10 输出	24 输入/16 输出
模拟量 I/O	无			2 输入/1 输出	无
数字 I/O 映象区	256（128 入/128 出）				
模拟 I/O 映象区	无	32（16 入/ 16 出）	64（32 入/32 出）		
允许最大的扩展模块	无	2 个模块 [1]	7 个模块 [1]		
允许最大的智能模块	无	2 个模块 [1]	7 个模块 [1]		
脉冲捕捉输入	6	8	14		24

高速计数
  单相
 	
  两相
	总共 4 个计数器
	4 个 30kHz
	
	2 个 20kHz
			总共 6 个计数器
			6 个 30kHz
			
			4 个 20kHz
				总共 6 个计数器
				4 个 30kHz
				2 个 200kHz
				3 个 20kHz
				1 个 100kHz
					总共 6 个计数器
					6 个 30kHz
					
					4 个 20kHz

脉冲输出	2 个 20kHz（仅限于 DC 输出）			2 个 100kHz （仅限于 DC 输出）	2 个 20kHz （仅限于 DC 输出）
常规					
定时器	256 个定时器：4 个定时器（1ms）；16 个定时器（10ms）；236 个定时器（100ms）				
计数器	256（由超级电容或电池备份）				
内部存储器位 掉电保存	256（由超级电容或电池备份） 112（存储在 EEPROM）				
时间中断	2 个 1ms 分辨率				
边沿中断	4 个上升沿和/或 4 个下降沿				
模拟电位计	1 个 8 位分辨率			2 个 8 位分辨率	
布尔量运算执行速度	0.22μs/指令				
实时时钟	可选卡件			内置	
卡件选项	存储器、电池和实时时钟			存储卡和电池卡	

集成的通信功能		
端口（受限电源）	一个 RS-485 接口	两个 RS-485 接口
PPI，DP/T 波特率	9.6、19.2、187.5K 波特	
自由口波特率	1.2K～115.2K 波特	
每段最大电缆长度	使用隔离的中继器：187.5K 波特可达 1000m，38.4K 波特可达 1200m 未使用隔离中继器：50m	
最大站点数	每段 32 个站，每个网络 126 个站	
最大主站数	32	
点到点（PPI 主站模式）	是（NETR/NETW）	
MPI 连接	共 4 个，2 个保留（1 个给 PG，1 个给 OP）	

表注 1：必须计算电源消耗定额，从而确定 S7-200 CPU 所能提供的功率（或电流），能否满足所有扩展模块的需求。如果超过 CPU 电源定额值，那么，可能无法将全部模块都连接上去。

S7-200 CPU22X 数字量输入和数字量输出主要技术指标见附表 2-3 及附表 2-4。

附表 2-3 S7-200 CPU22X 数字量输入技术指标

常　规	24VDC 输入（CPU221、CPU222、CPU224、CPU226）	24VDC 输入（CPU224XP、CPU224XPsi）
类型	漏型/源型（1EC 类型 1 漏型）	漏型/源型（IEC 类型 1 漏型，I0.3～I0.5 除外）
额定电压	24VDC，4mA 典型值	24VDC，4mA 典型值
最大持续允许电压	30VDC	
浪涌电压	35VDC，0.5s	
逻辑 1（最小）	15VDC，2.5mA	15VDC，2.5mA（I0.0～I0.2 和 I0.6～I1.5） 4VDC，8mA（I0.3～I0.5）
逻辑 0（最大）	5VDC，lmA	5VDC，1mA（I0.0～I0.2 和 I0.6～I1.5） 1VDC，1mA（I0.3～I0.5）
输入延迟	可选择的（0.2～12.8ms）	
连接 2 线接近开关传感器（Bero） 允许的漏电流（最大）	1mA	
隔离（现场与逻辑） 光电隔离 隔离组	是 500VAC，1min 见接线图	
高速计数器（HSC）输入速率 HSC 输入 　所有 HSC 　所有 HSC HC4 和 HC5（仅对 CPU 224XP 和 CPU224XPsi）	逻辑 1 电平　　单相　　　两相 15 至 30VDC　20kHz　10kHz 15 至 26VDC　30kHz　20kHz >4VDC　　　200kHz　100kHz	

续附表 2-3

常　规	24VDC 输入（CPU221、CPU222、CPU224、CPU226）	24VDC 输入（CPU224XP、CPU224XPsi）
同时接通的输入	所有	所有 只有 CPU224XPAC/DC/继电器： 　所有的都是 55℃，带最大 26VDC 的 DC 输入； 　所有的都是 50℃，带最大 30VDC 的 DC 输入
电缆长度（最大） 　屏蔽 　未屏蔽	普通输入 500m，HSC 输入 50m； 普通输入 300m	

附表 2-4　S7-200 CPU22X 数字量输出技术指标

常　　规	24VDC 输出（CPU221、CPU222、CPU224、CPU226）	24VDC 输出（CPU224XP）	24VDC 输出（CPU224XPsi）	继电器输出
类型	固态 MOSFET（信号源）		固态 MOSFET（信号流）	干触点
额定电压	24VDC	24VDC	24VDC	24VDC 或 250VAC
电压范围	20.4～28.8VDC	5～28.8VDC（Q0.0～Q0.4） 20.4～28.8VDC（Q0.5～Q1.1）	5～28.8VDC	5～30VDC 或 5～250VAC
浪涌电流（最大）	8A，100ms			5A，4s@10%占空比
逻辑 1（最小）	20VDC，最大电流	最大电流时，L+减 0.4V	负载增加 10kΩ时，外部电压导轨减 0.4V	—
逻辑 0（最大）	0.1 VDC，10kΩ负载		最大负载时，1M+0.4V	—
每点额定电流（最大）	0.75A			2.0A
每个公共端的额定电流（最大）	6A	3.75A	7.5A	10A
漏电流（最大）	10μA			—
灯负载（最大）	5W			30WDC；200WAC[2, 3]
感性嵌位电压	L+减 48VDC，1W 功耗		1M+48VDC，1 W 功耗	
接通电阻（触点）	0.3Ω典型（0.6Ω最大）			0.2Ω（新的最大值）
隔离 　光电隔离（现场到逻辑）	500VAC，1min			—
逻辑到触点 　电阻（逻辑到触点） 　隔离组	— — 见接线图			1500VAC，1min 100Ω 见接线图

续附表 2-4

常 规	24VDC 输出 (CPU221、CPU222、CPU224、CPU226)	24VDC 输出 (CPU224XP)	24VDC 输出 (CPU224XPsi)	继电器输出
延时（最大） 　从关断到接通（μs） 　从接通到关断（μs） 　切换	2μs（Q0.0 和 Q0.1），15μs（其他） 10μs（Q0.0 和 Q0.1），130μs（其他）	0.5μs（Q0.0 和 Q0.1），15μs（其他） 1.5μs（Q0.0 和 Q0.1），130μs（其他）	— 	— — 10ms
脉冲频串（最大）	20kHz[1]（Q0.0 和 Q0.1）	100kHz[1]（Q0.0 和 Q0.1）	100kHz[1]（Q0.0 和 Q0.1）	1Hz
机械寿命周期	—	—	—	10,000,000（无负载）
触点寿命	—	—	—	100,000（额定负载）
同时接通的输出	所有水平安装时低于 55℃，所有垂直安装时低于 45℃			
两个输出并联	是的，只有输出在同一个组内			否
电缆长度（最大） 　屏蔽 　非屏蔽	500m 150m			

表注 1：依据脉冲接收器和电缆，附加的外部负载电阻（至少是额定电流的 10%）可以改善脉冲信号的质量并提高噪声防护能力。

表注 2：带灯负载的继电器使用寿命将降低 75%，除非采取措施将接通浪涌降低到输出的浪涌电流额定值以下。

表注 3：灯负载的瓦特额定值是用于额定电压的。依据正被切换的电压，按比例降低瓦特额定值（例如 120VAC-100W）。

　　S7-200 CPU22X 系列 PLC 具有很强的功能，如自带高速计数器、自带通信接口、具有脉冲输出功能、具有实时时钟和能进行浮点运算等。此外，S7-200 系列 PLC 允许在程序中立即读写输入、输出口，允许在程序中使用中断，允许设定通信任务的处理时间，允许设置停止模式数字量输出状态，可以由用户自己定义存储器的掉电保护区，可以允许为数字量及模拟量输入加滤波器，还具有窄脉冲捕捉功能，这些功能为复杂的工业控制提供了方便。

二、扩展单元

　　扩展单元的基本用途是对基本单元的输入、输出口进行扩展。不同的基本单元加上不同的扩展单元，可以方便地构成各种输入、输出点数的系统，以适应不同工业控制的需要。还有一些扩展单元是一些特殊功能单元，如模拟量 I/O 单元、连接专门传感器的工作单元或专用的功能单元、热电偶功能单元、定位控制单元及专用的通信单元等。用于扩展输入/输出口的扩展单元一般不含 CPU，而专用的功能单元一般带有自身的 CPU，称为智能模块。扩展单元一般都不能单独使用，需和基本单元配合使用。附表 2-5 为 S7-200 系列 PLC 数字量扩展模块。

附表 2-5 S7-200 系列 PLC 数字量扩展模块

扩展模块	数字量输入	数字量输出	可拆卸连接
EM221 数字输入 8×24VDC	8×24VDC	—	是
EM221 数字输入 8×120/230VAC	8×120/230VAC	—	是
EM221 数字输入 16×24VDC	16×24VDC	—	是
EM222 数字输出 4×24VDC-5A	—	4×24VDC-5A	是
EM222 数字输出 4×继电器-10A	—	4×综电器-10A	是
EM222 数字输出 8×24VDC	—	8×24VDC-0.75A	是
EM222 数字输出 8×继电器	—	8×继电器-2A	是
EM222 数字输出 8×120/230VAC	—	8×120/230VAC	是
EM223 24VDC 数字组合 4 输入/4 输出	4×24VDC	4×24VDC-0.75A	是
EM223 24VDC 数字组合 4 输入/继电器输出	4×24VDC	4×继电器-2A	是
EM223 24VDC 数字组合 8 输入/8 输出	8×24VDC	8×24VDC-0.75A	是
EM223 24VDC 数字组合 8 输入/8 继电器输出	8×24VDC	8×继电器-2A	是
EM223 24VDC 数字组合 16 输入/16 输出	16×24VDC	16×24VDC-0.75A	是
EM 223 24VDC 数字组合 16 输入/16 继电器输出	16×24VDC	16×继电器-2A	是
EM 223 24VDC 数字组合 32 输入/32 输出	32×24VDC	32×24VDC-0.75A	是
EM 223 24VDC 数字组合 32 输入/32 继电器输出	32×24VDC	32×继电器-2A	是

在工业控制中，某些输入量（例如压力、温度、流量和转速等）是模拟量，某些执行机构（例如电动调节阀和变频器等）要求 PLC 输出模拟信号，而 PLC 的 CPU 只能处理数字量。模拟量首先被传感器和变送器转换为标准量程的电流或电压，例如 4～20mA，1～5V，0～10V，PLC 用 A/D 转换器将其转换成数字量。带正负号的电流或电压在 A/D 转换后用二进制补码表示。

D/A 转换器将 PLC 的数字输出量转换为模拟电压或电流,再去控制执行机构。模拟量 I/O 模块的主要任务就是实现 A/D 转换（模拟量输入）和 D/A 转换（模拟量输出）。

例如在温度闭环控制系统中，炉温用热电偶或热电阻检测，温度变送器将温度转换为标准量程的电流或电压后送给模拟量输入模块，经 A/D 转换后得到与温度成比例的数字量，CPU 将它与温度设定值比较，并按某种控制规律对差值进行运算，再将运算结果（数字量）送给模拟量输出模块，运算结果经 D/A 转换后变为电流信号或电压信号，用来控制电动调节阀的开度，通过它控制加热用的天然气的流量，实现对温度的闭环控制。

A/D 转换器和 D/A 转换器的二进制位数反映了它们的分辨率，位数越多，分辨率越高。模拟量输入输出模块的另一个重要指标是转换时间。

S7-200 的模拟量扩展模块中，A/D 和 D/A 转换器的位数均为 12 位。附表 2-6 为 S7-200 系列 PLC 的 5 种模拟量扩展模块。

附表 2-6   S7-200 系列 PLC 模拟量扩展模块

扩展模块	输入	输出	可拆卸连接
EM231 模拟量输入，4 输入	4	—	否
EM231 模拟量输入，8 输入	8	—	否
EM232 模拟量输出，2 输出	—	2	否
EM232 模拟量输出，4 输出	—	4	否
EM235 模拟量组合，4 输入/1 输出	4	1[1]	否

表注 1：CPU 将为该模块保留个 2 个模拟输出点。

三、S7-200 系列 PLC 模块组合

在实际应用中，可根据实际控制系统的需要选择各种模块进行组合。

例如，某控制系统需要开关量输入 26 点、开关量输出 22 点、模拟量输入 8 点、模拟量输出 2 点。据此，可选用 1 个 CPU 224XP 型 CPU 模块（14I/10Q）、1 个 EM 223 型扩展模块（4I/4Q）、1 个 EM 221 型扩展模块（8I）、1 个 EM 222 型扩展模块（8Q）和 2 个 EM 235 型扩展模块（4AI/1AQ）进行组合。各扩展模块安装于 CPU 模块右侧，扩展模块之间的安装顺序没有限制，但各模块的 I/O 地址编号与安装位置有关。附图 2-2 所示是其中的一种排列形式。

附图 2-2   扩展模块连接图

按附图 2-2 所示的形式进行组合时，各模块的 I/O 地址编号如附表 2-7 所示。地址间隙（用灰色斜体文字表示）无法在程序中使用。

数字量模块总是保留以 8 位（1 个字节）增加的过程映象寄存器空间。如果模块没有给保留字节中每一位提供相应的物理点，那些未用位不能分配给 I/O 链中的后续模块。对于输入模块，这些保留字节中未使用的位会在每个输入刷新周期中被清零。

模拟量 I/O 点总是以两点增加的方式来分配空间。如果模块没有给每个点分配相应的物理点，则这些 I/O 点会消失并且不能够分配给 I/O 链中的后续模块。

编址规则总结如下。

（1）同类型输入/输出点的模块进行顺序编址。

（2）开关量 I/O 映像寄存器长度为 8 位，本模块高位实际位未满 8 位的，未用位不能分配给后续模块。

（3）模拟量 I/O 以 2 字节递增方式分配地址。

附表 2-7　模块组合的 I/O 地址编号

CPU224XP	4入/4出	8入	4模拟量入 1模拟量出	8出	4模拟量入 1模拟量出
I0.0　　Q0.0 I0.1　　Q0.1 I0.2　　Q0.2 I0.3　　Q0.3 I0.4　　Q0.4 I0.5　　Q0.5 I0.6　　Q0.6 I0.7　　Q0.7 I1.0　　Q1.0 I1.1　　Q1.1 I1.2　　Q1.2 I1.3　　Q1.3 I1.4　　Q1.4 I1.5　　Q1.5 I1.6　　Q1.6 I1.7　　Q1.7 AIW0　　AQW0 AIW2　　AQW2 本地I/O	模块0 I2.0　　Q2.0 I2.1　　Q2.1 I2.2　　Q2.2 I2.3　　Q2.3 I2.4　　Q2.4 I2.5　　Q2.5 I2.6　　Q2.6 I2.7　　Q2.7 扩展I/O	模块1 I3.0 I3.1 I3.2 I3.3 I3.4 I3.5 I3.6 I3.7	模块2 AIW4　　AQW4 AIW6　　AQW6 AIW8 AIW10	模块3 Q3.0 Q3.1 Q3.2 Q3.3 Q3.4 Q3.5 Q3.6 Q3.7	模块4 AIW12　　AQW8 AIW14　　AQW10 AIW16 AIW18

四、S7-200 系列 PLC 外端子图

外端子为 PLC 输入、输出和外电源的连接点。附图 2-3 给出了最具代表性的 CPU224XPDC/DC/DC、CPU224XP$_{SI}$DC/DC/DC 及 CPU224XPAC/DC/RLY 接线点的位置分布图，也称外端子图。型号规格中 CPU 224XP 后用斜线分割的 3 个部分分别表示 CPU 电源的类型、输入口的电源类型及输出口器件的类型。其中输出口的器件类型中，RLY（或 Relay）为继电器，DC 为晶体管。由图中可以看出，PLC 的每个接线端口都编有号码，且输入、输出口都是分组安排的。

机型中后缀"XP"表明新机种中所增加的模拟量输入输出等功能，各端子图左侧给出了两路模拟量"A"及"B"的输入接法和一路模拟量的输出接法。模拟量输出可选择电流"I"及电压"V"两种输出形式。S7-200 系列 PLC 其他 CPU 模块中无模拟量输入输出功能及相应接线端子。

对于数字量输入输出端子，前期的机型中只有两类不同的接法，即 DC/DC/DC 和 AC/DC/RLY，其中"DC"输出型均为"信号源"型，负载及所使用电源接法如附图 2-3（a）所示。在该接法下，负载由输出端子向外拉出电流，可理解为由内部开关元件晶体管"发射极"输出。

后缀为"XP$_{SI}$"的机型称为"信号流"型，每个输出端子对应内部开关晶体管的"集电极"，端子输出状态为"1"时，可由外向内灌入电流，其接法如附图 2-3（b）所示。该"DC"输出方式类似于共阳发光数码管等负载的驱动控制。

附图 2-3（c）为 AC/DC/RLY 型 PLC 端子图，负载既可采用交流电源，也可采用直流电源，且直流电源极性可任意方向连接。

S7-200 系列 PLC 所有输入端子均采用"DC"输入型，当输入直流电源"−"极与输入公共端子相连时，信号电流从各个输入端子流入，该连接方式称为"漏型"接法；当输入直流电源"+"极与输入公共端子相连时，信号电流从各个输入端子流出，该连接方式称为"源型"接法。

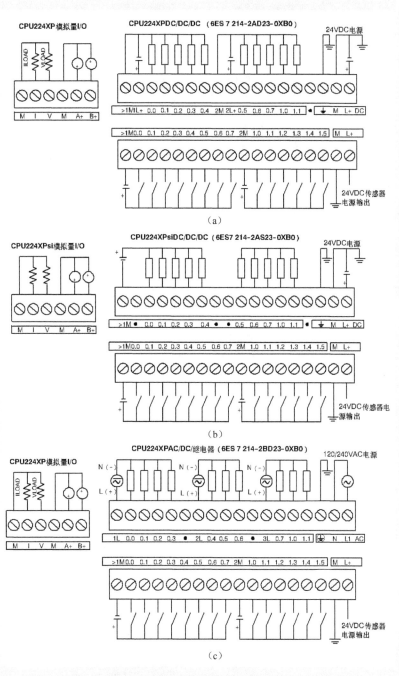

附图 2-3 　S7200 CPU224XP 端子图

S7-200 系列 PLC 的相关资料

一、S7-200 的特殊存储器（SM）标志位

特殊存储器标志位提供大量的状态和控制功能，并能起到在 CPU 与用户程序之间交换信息的作用。特殊存储器标志位能以位、字节、字或双字使用。附表 3-1 给出了 S7-200 部分常用特殊存储器（SM）标志位的相关描述，其他特殊存储器标志位可参见 S7-200 系统手册。

附表 3-1　S7-200 的特殊存储器（SM）标志位

SM 位	描　述
SM0.0	该位始终为 1
SM0.1	该位在首次扫描时为 1，用途之一是调用初始化子程序
SM0.2	若保持数据丢失，则该位在一个扫描周期中为直。该位可用作错误存储器位，或用来调用特殊启动顺序功能
SM0.3	开机后进入 RUN 方式，该位将 ON 一个扫描周期；该位可用作在启动操作之前给设备提供一个预热时间
SM0.4	该位提供了一个时钟脉冲，30s 为 1，30s 为 0，周期为 1min，提供了一个简单易用的延时，或 1min 的时钟脉冲
SM0.5	该位提供了一个时钟脉冲，0.5s 为 1，0.5s 为 0，周期为 1s，提供了一个简单易用的延时，或 1s 的时钟脉冲
SM0.6	该位为扫描时钟，本次扫描时置 1，下次扫描置 0。可用作扫描计数器的输入
SM0.7	该位指示 CPU 工作方式开关的位置（0 为 TERM 位置，1 为 RUN 位置）。当开关在 RUN 位置时，用该位可使自由端口通信方式有效，那么当切换至；TERM 位置时，同编程设备的正常通讯也会有效
SM1.0	当执行某些指令，其结果为 0 时，将该位置 1
SM1.1	当执行某些指令，其结果溢出，或查出非法数值时，将该位置 1
SM1.2	当执行数学运算，其结果为负数时，将该位置 1
SM1.3	试图除以零时，将该位置 1
SM1.4	当执行 ATT(Add to Table) 指令时，试图超出表范围时，将该位置 1
SM1.5	当执行 LIFO 或 FIFO. 指令时，试图从空表中读数时，将该位置 1

续附表 3-1

SM 位	描　述
SM1.6	当试图把一个非 BCD 数转换为二进制数时，将该位置 1
SMl.7	当 ASCII 码不能转换为有效的十六进制数时，将该位置 1
SM2.0	在自由端口通信方式下，该字符存储从口 0 或口 1 接受到的每一个字符
SM3.0	口 0 或口 1 的奇偶校验错（0=无错，1=有错）
SM3.1～SM3.7	保留
SM4.0	当通信中断队列溢出时，将该位置 1
SM4.1	当输入中断队列溢出时，将该位置 1
SM4.2	当定时中断队列溢出时，将该位置 1
SM4.3	在运行时刻，发现编程问题时，将该位置 1
SM4.4	该位指示全局中断允许位，当允许中断时，将该位置 1
SM4.5	当（口 0）发送空闲时，将该位置 1
SM4.6	当（口 1）发送空闲时，将该位置 1
SM4.7	当发生强置时，将该位置 1
SM5.0	当有 I/O 错误时，将该位置 1
SM5.1	当 I/O 总线上连接了过多的数字量 I/O 点时，将该位置 1
SM5.2	当 I/O 总线上连接了过多的模拟量 I/O 点时，将该位置 1
SM5.3	当 I/O 总线上连接了过多的智能 I/O 模块时，将该位置 1
SM5.4～SM5.6	保留
SM5.7	当 DP 标准总线出现错误时，将该位置 1

二、S7-200 系列 PLC 指令集简表

S7-200 系列 PLC 的全部指令详见附表 3-2。

附表 3-2　S7-200 系列 PLC 指令集简表

布 尔 指 令	
LD　　N	装载（电路开始的常开触点）
LDI　　N	立即装载
LLIN　　N	取反后装载（电路开始的常闭触点）
L1INI　　N	取反后立即装载
A　　N	与（串联的常开触点）
AI　　N	立即与
AN　　N	取反后与（串联的常闭触点）
ANI　　N	取反后立即与

布 尔 指 令	
O N	或（并联的常开触点）
OI N	立即或
ON N	取反后或（并联的常闭触点）
ONI N	取反后立即或
LDBx N1, N2	装载字节的比较结果，N1（x: <, <=, =, >; , >, <>）N2
ABx Nl, N2	与字节比较的结果，N1（x: <, <=, =, >=, >, <>）N2
OBx Nl, N2	或字节比较的结果，N1（x: <, <=, =, >=, >, <>）N2
LDWx N1, N2	装载字比较的结果，N1（x: <, <=, =, >=, >, <>）N2
AWx N1, N2	与字比较的结果，N1（x: <, <=, =, >=, >, <>）N2
OWx N1, N2	或字比较的结果，N1（x: <, <=, =, >=, >, <>）N2
LDDx N1, N2	装载双字的比较结果，N1（x: : <, <=, =, >=, >, <>）N2
布 尔 指 令	
ADx N1, N2	与双字的比较结果，Nl（x: <, <=, =, >=, >, <>）N2
ODx Nl, N2	或双字的比较结果，Nl（x: <, <=, =, >=, >, <>）N2
LDRx Nl, N2	装载实数的比较结果，N1（x: <, <=, =, >: , >, <>）N2
ARx Nl, N2	与实数的比较结果，N1（x: <, <=, =, >=; >, <>）N2
ORx N1, N2	或实数的比较结果，N1（x: <, <=, =, >=, >, <>）N2
NOT	栈顶值取反
EU	上升沿检测
ED	下降沿检测
= Bit	赋值（线圈）
=I Bit	立即赋值
S Bit, N	置位一个区域
R Bit, N	复位一个区域
SI Bit, N	立即置位一个区域
RI Bit, N	立即复位一个区域
LDSx INl, IN2	装载字符串比较结果，N1（x: =, <>）N2
ASx INl, IN2	与字符串比较结果，N1（x: =, <>）N2
OSx INl, IN2	或字符串比较结果，N1（x: =, <>）N2
ALD	与装载（电路块串联）
OLD	或装载（电路块并联）
LPS	逻辑入栈
LRD	逻辑读栈
LPP	逻辑出栈
LDS N	装载堆栈
AENO	对 ENO 进行与操作

数学、加 1 减 1 指令		
+I	INl，OUT	整数加法，INI+OUT=OUT
+D	INl，OUT	双整数加法，INI+OUT=OUT
+R	INl，OUT	实数加法，INI+OUT=OUT
-I	IN1，OUT	整数减法，OUT－INI=OUT
-D	INl，OUT	双整数减法，OUT－INI=OUT
-R	INl，OUT	实数减法，OUT－INI=OUT
MUL	INl，OUT	整数乘整数得双整数
*I	INl，OUT	整数乘法，INI*OUT=OUT
*D	INl，OUT	双整数乘法，INI*OUT=OUT
*R	INl，OUT	实数乘法，INI*OUT=OUT
DIV	INl，OUT	整数除整数得双整数
/I	INl，OUT	整数除法，OUT/INI=OUT
/D	IN1，OUT	双整数除法，OUT/INI=OUT
/R	INl，OUT	实数除法，OUT/INI=OUT
SQRT	IN，OUT	平方根
LN	IN，OUT	自然对数
EXP	IN，OUT	自然指数
数学、加 1 减 l 指令		
SIN	IN，OUT	正弦
COS	IN，OUT	余弦
TAN	IN，OUT	正切
INCB	OUT	字节加 1
INCW	OUT	字加 1
INCD	OUT	双字加 1
DECB	OUT	字节减 1
DECW	OUT	字减 1
DECD	OUT	双字减 1
PID	Table，Loop	PID 回路
定时器和计数器指令		
TON	Txxx，PT	接通延时定时器
TOF	Txxx，PT	断开延时定时器
TONR	Txxx，PT	保持型接通延时定时器
BITIM	OUT	启动间隔定时器
CITIM	IN，OUT	计算间隔定时器

续附表 3-2

定时器和计数器指令		
CTU	Cxxx，PV	加计数器
CTD	Cxxx，PV	减计数器
CTUD	Cxxx，PV	加/减计数器
实时时钟指令		
TODR	T	读实时时钟
TODW	T	写实时时钟
TODRX	T	扩展读实时时钟
TODWX	T	扩展写实时时钟
程序控制指令		
END		程序的条件结束
STOP		切换到 STOP 模式
WDR		看门狗复位（300ms）
JMP	N	跳到指定的标号
LBL	N	定义一个跳转的标号
CALL	N（N1，……）	调用子程序，可以有 16 个可选参数
CRET		从子程序条件返回
FOR	INDX，INIT，FINAL	For/Next 循环
NEXT		
LSCR	N	顺控继电器段的启动
SCRT	N	顺控继电器段的转换
CSCRE		顺控继电器段的条件结束
SCRE		顺控继电器段的结束
DLED	IN	诊断 LED
传送、移位、循环和填充指令		
MOVB	IN，OUT	字节传送
MOVW	IN，OUT	字传送
MOVD	IN，OUT	双字传送
MOVR	IN，OUT	实数传送
传送、移位、循环和填充指令		
BIR	IN，OUT	立即读取物理输入字节
BIW	IN，OUT	立即写物理输出字节
BMB	IN，OUT，N	字节块传送
BMW	IN，OUT，N	字块传送
BMD	1N，OUT，N	双字块传送
SWAP	IN	交换字节

续附表 3-2

传送、移位、循环和填充指令	
SHRB DATA，S-BIT，N	移位寄存器
SRB OUT，N	字节右移 N 位
SRW OUT，N	字右移 N 位
SRD OUT，N	双字右移 N 位
SLB OUT，N	字节左移 N 位
SLW OUT，N	字左移 N 位
SLD OUT，N	双字左移 N 位
RRB OUT，N	字节循环右移 N 位
RRW OUT，N	字循环右移 N 位
RRD OUT，N	双字循环右移 N 位
RLB OUT，N	字节循环左移 N 位
RLW OUT，N	字循环左移 N 位
RLD OUT，N	双字循环左移 N 位
FILL IN，OUT，N	用指定的元素填充存储器空间
逻辑操作	
ANDB IN1，OUT	字节逻辑与
ANDW IN1，OUT	字逻辑与
ANDD IN1，OUT	双字逻辑与
ORB IN1，OUT	字节逻辑或
0RW IN1，OUT	字逻辑或
ORD IN1，OUT	双字逻辑或
XORB IN1，OUT	字节逻辑异或
XORW IN1，OUT	字逻辑异或
XORD IN1，OUT	双字逻辑异或
INVB OUT	字节取反（1 的补码）
INVW OUT	字取反
INVD OUT	双字取反
字符串指令	
SLEN IN，OUT	求字符串长度
SCAT IN，OUT	连接字符串
SCPY IN，OUT	复制字符串
SSCPY IN，INDX，N，OUT	复制子字符串
CFND IN1，IN2，OUT	在字符串中查找一个字符
SFND IN1，IN2，OUT	在字符串中查找一个子字符串

表、查找和转换指令		
ATT	TABLE，DATA	把数据加到表中

表、查找和转换指令		
LIFO	TABLE，DATA	从表中取数据，后入先出
FIFO	TABLE，DATA	从表中取数据，先入先出
FND=	TBL，PATRN，INDX	在表 TBL 中查找等于比较条件 PATRN 的数据
FND<>	TBL，PATRN，INDX	在表 TBL 中查找不等于比较条件 PATRN 的数据
FND<	TBL，PATRN，1NDX	在表 TBL 中查找小于比较条件 PATRN 数据
FND>	TBL，PATRN，INDX	在表 TBL 中查找大于比较条件 PATRN 的数据
BCDI	OUT	BCD 码转换成整数
IBCD	OUT	整数转换成 BCD 码
BTI	IN，OUT	字节转换成整数
ITB	IN，OUT	整数转换成字节
ITD	IN，OUT	整数转换成双整数
DTI	IN，OUT	双整数转换成整数
DTR	IN，OUT	双整数转换成实数
ROUND	IN，OUT	实数四舍五入为双整数
TRUNC	IN，OUT	实数截位取整为双整数
ATH	IN，OUT，LEN	ASCII 码→十六进制数
HTA	IN，OUT，LEN	十六进制数→ASCII 码
ITA	IN，OUT，FMT	整数→ASCII 码
DTA	IN，OUT，FMT	双整数→ASCII 码
RTA	IN，OUT，FMT	实数→ASCII 码
DECO	IN，OUT	译码
ENCO	IN，OUT	编码
SEG	IN，OUT	7 段译码
ITS	IN，FMT，OUT	整数转换为字符串
DTS	IN，FMT，OUT	双整数转换为字符串
STR	IN，FMT，OUT	实数转换为字符串
STI	STR，INDX，OUT	子字符串转换为整数
STD	STR，INDX，OUT	子字符串转换为双整数
STR	SIR，INDX，OUT	子字符串转换为实数

中断指令	
CRETI	从中断程序有条件返回
ENI	允许中断
DISI	禁止中断

续附表 3-2

中断指令	
ATCH　INT，EVENT	给中断事件分配中断程序
DTCH　EVENT	解除中断事件
通信指令	
XMT　TABLE，PORT	自由端口发送
RCV　TABLE，PORT	自由端口接收
NETR　TABLE，PORT	网络读
NETW　TABLE，PORT	网络写
GPA　ADDR，PORT	获取端口地址
SPA　ADDR，PORT	设置端口地址
高速计数器指令	
HDEF　HSC，MODE	定义高速计数器模式
HSC　N	激活高速计数器
PLS　X	脉冲输出

三、S7-200 的错误代码

1．致命错误代码和信息

致命错误会导致 CPU 停止执行用户程序。根据错误的严重性，一个致命错误会导致 CPU 无法执行某个或所有功能。处理致命错误的目的是，使 CPU 进入安全状态，可以对当前存在的错误状况进行询问并响应。

当一个致命错误发生时，CPU 执行以下任务。

① 进入 STOP（停止）方式。

② 点亮 SF/DIAG（红）LED 指示灯和停止 LED 指示灯。

③ 断开输出。

这种状态将会持续到错误清除之后。在主菜单中使用菜单命令 PLC→"信息"可查看错误代码。

附表 3-3 列出了从 S7-200 上可读到的致命错误代码及其描述。

附表 3-3　从 CPU 读出的致命错误代码及其描述

错误代码	描　　述
0000	无致命错误
0001	用户程序校验和错误
0002	编译后的梯形图程序校验和错误
0003	扫描看门狗超时错误
0004	永久存储器失效
0005	永久存储器上用户程序校验和错误
0006	永久存储器上配置参数（SDB0）校验和错误

续附表 3-3

错误代码	描　　述
0007	永久存储器上强制数据校验和错误
0008	永久存储器上缺省输出表值校验和错误
0009	永久存储器上用户数据 DB1 校验和错误
000A	存储器卡失灵
000B	存储器卡上用户程序校验和错误
000C	存储器卡配置参数（SDB0）校验和错误
000D	存储器卡强制数据校验和错误
000E	存储器卡缺省输出表值校验和错误
000F	存储器卡用户数据 DB1 校验和错误
0010	内部软件错误
0011[1]	比较接点间接寻址错误
0012[1]	比较接点非法浮点值
0013	程序不能被该 S7-200 理解
0014[1]	比较接点范围错误

表注 1：比较接点错误是唯一的一种既能产生致命错误又能产生非致命错误的错误。产生非致命错误是因为存储错误的程序地址。

2．运行程序错误

在程序的正常运行中，可能会产生非致命错误（如寻址错误）。在这种情况下，CPU 产生一个非致命运行时刻错误代码。附表 3-4 列出了这些非致命错误代码及其描述。

附表 3-4　运行程序错误

错误代码	描　　述
0000	无致命错误无错误
0001	执行 HDEF 之前，HSC 已使能
0002	输入中断分配冲突，已分配给 HSC
0003	到 HSC 的输入分配冲突，已分配给输入中断或其他 HSC
0004	试图执行在中断子程序中不允许的指令
0005	第一个 HSC/PLS 未执行完之前，又企图执行同编号的第二个 HSC/PLS（中断程序中的 HSC 同主程序中的 HSC/PLS 冲突）
0006	间接寻址错误
0007	TODW（写实时时钟）或 TODR（读实时时钟）数据错误
0008	用户子程序嵌套层数超过规定
0009	在程序执行 XMT 或 RCV 时，通信接口 0 又执行另一条 XMT/RCV 指令
000A	在同一 HSC 执行时，又企图用 HDEF 指令再定义该 HSC
000B	在通信接口 1 上同时执行数条 XMT/RCV 指令
000C	时钟存储卡不存在
000D	试图重新定义正在使用的脉冲输出
000E	PTO 个数设为 0
000F	比较触点指令中的非法数字值
0010	在当前 PTO 操作模式中，命令不允许
0011	非法 PTO 命令代码
0012	非法 PTO 包络表

续附表 3-4

错误代码	描　　述
0013	非法 PID 回路参数表
0091	范围错误（带地址信息）：检查操作数范围
0092	某条指令的计数域错误（带计数信息）：确认最大计数范围
0094	范围错误（带地址信息）：写无效存储器
009A	用户中断程序试图转换成自由口模式
009B	非法指针（字符串操作中起始位置值指定为 0）
009F	无存储卡或存储卡无响应

3．编译规则错误

当安装下一个程序时，CPU 将编译该程序。如果 CPU 发现程序违反编译规则（如非法指令），那么 CPU 就会停止下装程序，并生成一个非致命编译规则错误代码。附表 3-5 列出了违反编译规则所生成的错误代码及其描述。

附表 3-5　编译规则错误

误代码	编译错误（非致命）
0080	程序太大无法编译：必须缩短程序
0081	堆栈溢出：把一个程序段分成多个
0082	非法指令：检查指令助记符
0083	无 MEND 或主程序中有不允许的指令：加条 MEND 或删去不正确的指令
0084	保留
0085	无 FOR 指令：加 FOR 指令或删除 NEXT 指令
0086	无 NEXT：加条 NEXT 指令，或删除 FOR 指令
0087	无标号（LBL、INT、SBR）：加上合适标号
0088	无 RET 或子程序中有不允许的指令：加条 RET 或删去不正确指令
0089	无 RETI 或中断程序中有不允许的指令：加条 RETI 或删去不正确指令
008A	保留
008B	从/向一个 SCR 段的非法跳转
008C	标号重复（LBL、INT、SBR）：重新命名标号
008D	非法标号（LBL、INT、SBR）：确保标号数在允许范围内
0090	非法参数：确认指令所允许的参数
0091	范围错误（带地址信息）：检查操作数范围
0092	指令计数域错误（带计数信息）：确认最大计数范围
0093	FOR/NEXT 嵌套层数超出范围
0095	无 LSCR 指令（装载 SCR）
0096	无 SCRE 指令（SCR 结束）或 SCRE 前面有不允许的指令
0097	用户程序包含非数字编码的和数字编码的 EV/ED 指令
0098	在运行模式进行非法编辑（试图编辑非数字编码的 EV/ED 指令）
0099	隐含程序段太多（HIDE 指令）
009B	非法指针（字符串操作中起始位置值指定为 0）
009C	超出最大指令长度
009D	SDB0 中检测到非法参数
009E	PCALL 字符串太多
009F-00FF	保留

参 考 文 献

[1] 周建清. PLC 应用技术（项目式教学）. 北京：机械工业出版社，2007.
[2] 于书兴. 电器控制与 PLC. 北京：人民邮电出版社，2009.
[3] 廖常初. PLC 编程及应用. 北京：机械工业出版社，2005.
[4] 胡学林. 可编程控制器教程（实训篇）. 北京：电子工业出版社，2004.
[5] 张万忠，刘明芹. 电器与 PLC 控制技术. 北京：化学工业出版社，2005.
[6] 史国生. 电器控制与可编程控制器技术. 北京：化学工业出版社，2005.
[7] 周四六. 可编程控制器应用基础. 北京：人民邮电出版社，2010.
[8] 周四六. S7-200 系列 PLC 应用基础. 北京：人民邮电出版社，2009.